目　次

病　害

害　虫

帯状粗皮病（おびじょうそひびょう）

Sweet potato feathery mottle virus（サツマイモ斑紋モザイクウイルス）の強毒系統(SPFMV-S)、Sweet potato virus G

《病原》ウイルス　《発病》葉、塊根

【被害】葉、塊根に発生する。葉の病徴は、斑紋モザイク病と同様に葉脈間に淡黄色の小さな斑紋が生じ、やがて斑紋の周囲は紫色を帯びる。圃場における罹病株の生育は健全株と変わらない。収穫時の塊根の表面には細かなひび割れが横縞状に生じ、重症になると表面全体が帯状のざらざらしたひびで覆われて粗皮症状を呈し、外観品質を著しく損なう。

【発生】本病の原因になるサツマイモ斑紋モザイクウイルスには遺伝的に異なる複数の系統（普通系統O、T、C、S等）が知られる。帯状粗皮病はサツマイモ斑紋モザイクウイルスの強毒系統(SPFMV-S)の感染で発病する。ウイルスはモモアカアブラムシの吸汁によりその場かぎり（非永続的）に媒介される。感染は保毒した有翅アブラムシが苗床や圃場に飛来して起こる。アブラムシによって発病株から健全株に伝染し、苗床や圃場内で被害が拡大する。また、発病塊根を「種いも」にすると萌芽苗で伝染するため、被害は増加する。

【防除】本病と次項の斑紋モザイク病は病原ウイルスが同一で系統だけが異なる。したがって防除対策は同じで、ともにウイルスフリー苗を利用する。ウイルスフリー苗を増殖する育苗ハウスや苗床では、寒冷紗や防虫ネット等を用いてアブラムシの侵入防止を徹底するとともに、農薬によるアブラムシ防除を的確に実施する。ウイルスフリー苗を一般圃場で栽培すると、アブラムシによってウイルスに再感染するため、定期的な苗の更新が必要である。また、ウイルスフリー苗を利用しない場合は、健全な塊根を選抜して「種いも」として用いる。採苗用のハサミやナイフを通じて保毒苗から健全苗に伝染することがあるので、保毒苗から採苗しないように注意するとともに、ハサミやナイフは次亜塩素酸カルシウム剤（ケミクロンG）等で消毒して用いる。

【薬剤】アブラムシ対象:**アクタラ、アグロスリン、アドマイヤー、スミチオン、ダントツ、トレボン、モスピラン**など。

葉の被害は、p3 の斑紋モザイク病の写真を参照

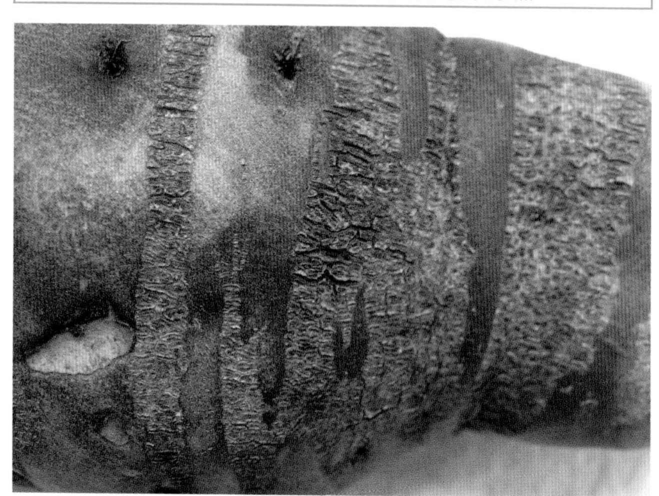

症状は塊根表面のみに現れ、内部には進展しない

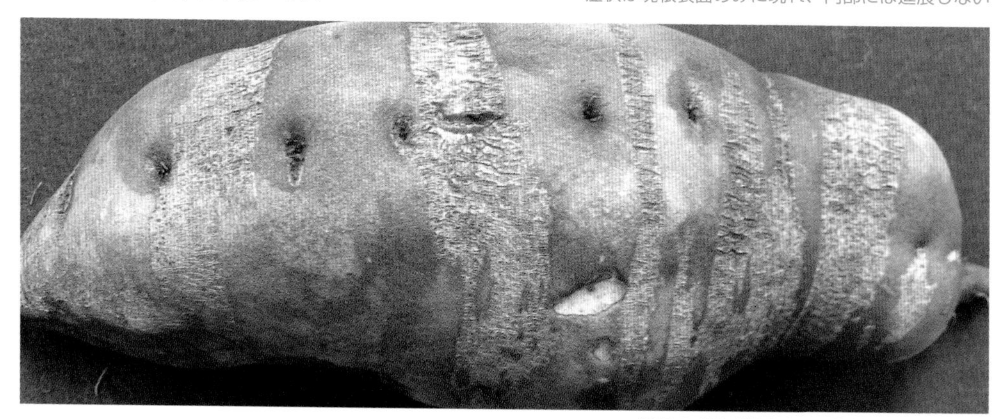

帯状のざらざらしたひびが塊根表面を覆う

塊根表皮がさめ肌状になり、退色する

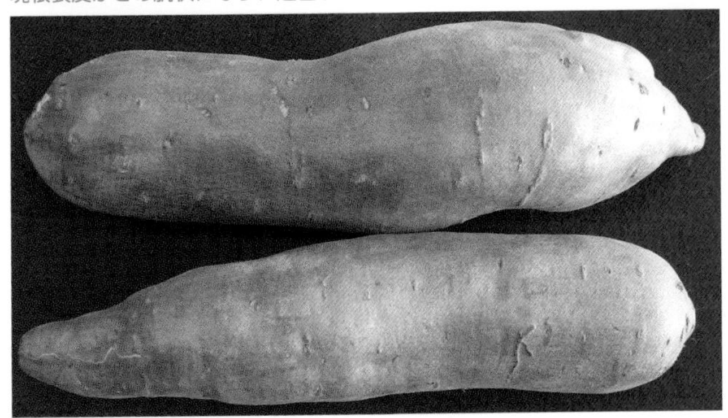

表皮がさめ肌状にならず、全体的に退色する場合もある

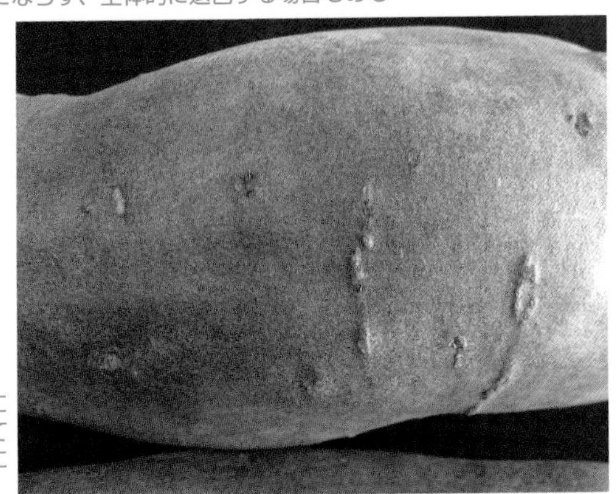

表皮が全体的に茶色味を帯びて色あせたように見える

斑紋モザイク病（はんもんもざいくびょう）

Sweet potato feathery mottle virus（サツマイモ斑紋モザイクウイルス）の普通系統(SPFMV-O)

《病原》ウイルス　《発病》葉、塊根

【被害】葉、塊根に発生する。葉では、葉脈間に淡黄色の小さな斑紋が生じ、やがて斑紋の周囲は紫色を帯びる。この症状は帯状粗皮病のそれと同一であり、区別できない。圃場における罹病株の生育は健全株と変わらないが、収穫時の塊根は表皮が色あせ（退色）したり、さめ肌となるが、帯状粗皮症状になることはない。被害が著しい場合は収量が低下する。

【発生】本病の原因になるサツマイモ斑紋モザイクウイルスには遺伝的に異なる複数の系統（普通系統O、T、C等）が知られる。斑紋モザイク病は主に普通系統（O系統）の感染で発病する。この場合、症状は葉に大きく現れ、塊根の症状は軽度で帯状粗皮症状は見られない。ウイルスの伝搬については、前項の帯状粗皮病の項目を参照。

【防除】【薬剤】前項の帯状粗皮病の項目を参照。

最初、葉脈間に黄色の小斑紋が現れ、のちにその周囲が紫色になる

黄色小斑紋の周囲が紫色になった病徴

葉に点在する周囲が紫色になった小病斑

立枯病（たちがれびょう）

Streptomyces ipomoeae

《病原》細菌（放線菌）

《発病》株、塊根（収穫時）

【被害】本病に罹病すると、著しく生育不良となり、葉が黄化あるいは紫褐色化する。激発すると定植後1か月程度でほとんどの株が枯死することもある。早期に罹病した株の根はほとんど黒く腐っているか、脱落しており、地下部の茎には円形あるいは不整形のへこんだ黒褐色の病斑がある。発病程度が軽微な場合、地上部はやや生育不良となる程度であるが、収穫した塊根には黒色円形でやや陥没した病斑を生じ、商品価値を著しく損なう。発病の程度が軽微な場合には塊根の肥大とともに病斑部は治癒することもあるが、病斑が生じた部分がくびれたりして奇形となることが多い。

【発生】立枯病は土壌中に生息する放線菌（細菌）の一種によって引き起こされる。高い土壌pH条件（水浸出5.5以上）、土壌の高温乾燥条件下で発病が助長される。畦内が高温乾燥となる畦立てマルチ栽培は発生しやすい。品種では高系14号およびその選抜系統が本病に対して最も感受性が高く、被害も大きい。ベニアズマは主要な青果用品種のなかでは抵抗性が強く、比較的被害が軽いものの、現在普及している品種のなかでは完全な抵抗性を有するものはない。

【防除】立枯病の発生を抑制するためには、過度の石灰資材の使用を控え、土壌pHを5.5（水浸出）より高めないような土壌管理が必要である。発病圃場ではクロルピクリン剤を用いた土壌消毒が極めて有効である。現在、青果用サツマイモ栽培ではクロルピクリン剤のマルチ畦内土壌消毒が畦立てマルチ作業機に組み入れられ、同時に行なうことができる。

【薬剤】クロルピクリン剤など。

枯死寸前の発病株

生育むらと葉の黄化が目立つ

枯死、枯死寸前株が目立つ

発病株の地下茎は黒変、細根は脱落している

上の株の地下茎は、大部分が黒変して枯死している

黒褐色円形の陥没病斑が目立つ

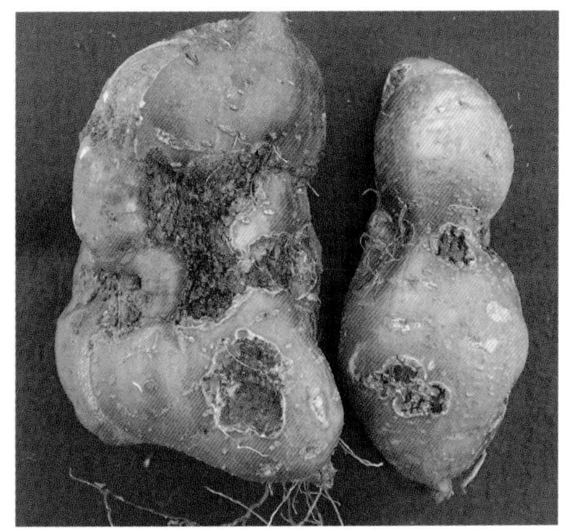
発病塊根は病斑部から大きく割れたり、
くびれることが多い

つる割病

（つるわれびょう）

Fusarium oxysporum f. sp. *batatas*

《病原》糸状菌

《発病》苗、茎、塊根（収穫時、種いも）

【被害】 育苗期の苗床で発生した場合には、萌芽した新芽は下葉から黄化して萎れ、落葉する。症状が著しい場合、新芽は枯死に至る。また、外観上健全な苗でも本病に罹病していると、畑に定植するとやがて地際部の茎は縦に大きく裂け、典型的なつる割症状を呈して枯死することが多い。

【発生】 つる割病は土壌中の糸状菌の一種によって引き起こされ、種いもで伝染する。本病は定植後の汚染土壌からも伝染するので、過去に発病をみた畑では、健全苗を用いても栽培期間中に害虫や野鼠等の食害痕から感染し、発病することがある。

【防除】 本病に対しては品種間抵抗性の差が大きく、ベニコマチや紅赤等の品種は極めて弱い。ベニアズマは中程度の抵抗性を有しており、高系14号やその選抜品種は本病に強い。本病の防除には農薬を用いた定植前苗消毒の効果が高く、土壌伝染の防除には各種土壌くん蒸剤を用いた土壌消毒が有効である。また、採苗用のハサミやナイフを通じて保菌苗から健全苗に伝染することがあるので、保菌苗から採苗しないように注意するとともに、ハサミやナイフは次亜塩素酸カルシウム剤（ケミクロンG）等で消毒して用いる。

【薬剤】 **ベンレート、クロルピクリン剤、バスアミド、キルパー**など。

発病株の黄化、萎凋症状

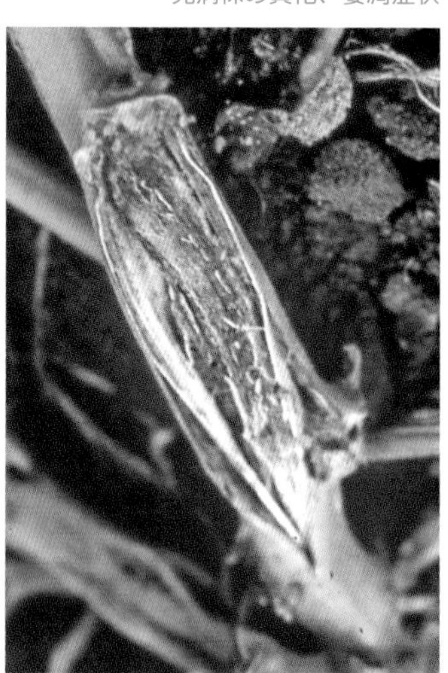

茎のつる割症状

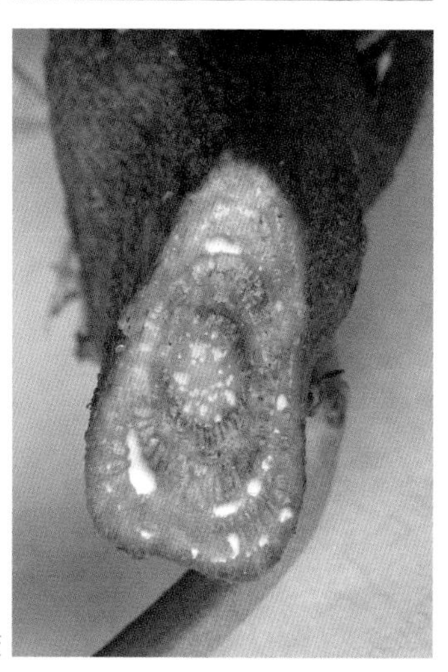

発病株主茎内部の維管束褐変

地際部茎のつる割症状

発病枯死した新芽上に形成された病原菌の胞子（分生子）

罹病種いも
（塊根から萌芽した新芽は下葉から黄化して萎れ、落葉する）

罹病種いも内部の維管束褐変

発病枯死した株の主茎

白紋羽病（しろもんぱびょう）

Rosellinia necatrix

《病原》糸状菌

《発病》茎、塊根（収穫時）

【被害】地際部の茎や塊根に、白色の糸のような菌糸束が、網目のようにからみつき、発病が著しい場合には地上部が発育不良となり、葉は黄化する。本病は病勢がすすんでも菌糸束が密になってフェルト状の膜をつくることはない。また古くなっても着色しない。

【発生】白紋羽病は土壌中の糸状菌の一種によって引き起こされる。本病は、桑畑、果樹園跡地で発生が多いが、特に開墾後年数を経た熟畑で激発することがある。

【防除】本病の防除にはクロルピクリン剤を用いた土壌消毒が有効である。

【薬剤】クロルピクリン剤。

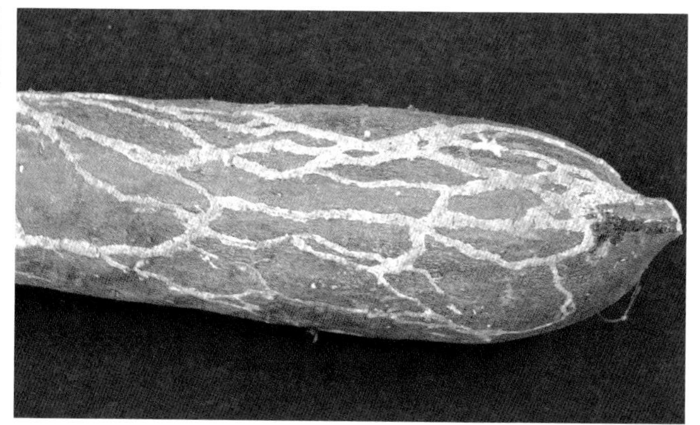

白色の菌糸の束が塊根表面を覆う

菌糸束とともに土壌が付着している

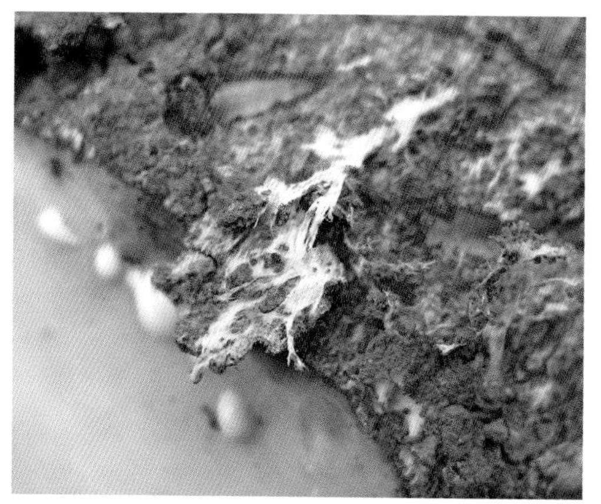

塊根表面の菌糸の束

病斑は表面に限られ、塊根内部は軟化・腐敗しない

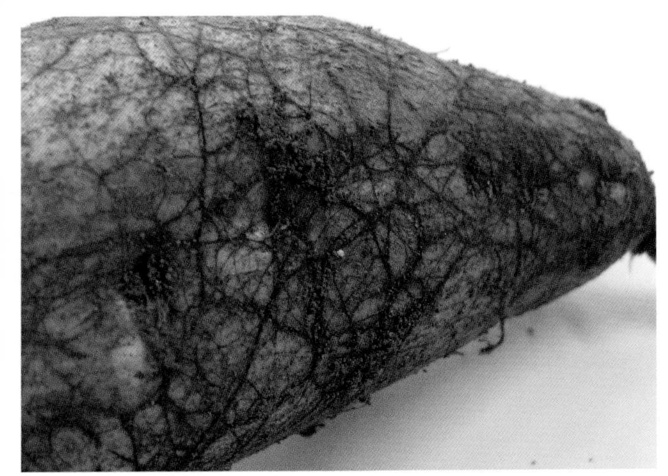
紫色の菌糸束が網目状に表面を覆う

菌糸束が密生し、フェルト状になる（菌糸束をめくったところ）

菌糸束上に土が付着した塊根

紫紋羽病（むらさきもんぱびょう）

Helicobasidium mompa

《病原》糸状菌

《発病》茎、塊根（収穫時）

【被害】塊根や地際部の茎に発生するが、掘り取ってはじめて被害がわかることが多い。地際部の茎や塊根に、紫褐色の糸のような菌糸束が、網目のようにからみつき、発病が著しい場合には地上部が発育不良となり、葉は黄化する。病勢がすすむと菌糸束が密になってフェルト状となり、塊根内部まで軟化、腐敗することもある。

【発生】紫紋羽病は土壌中の糸状菌の一種によって引き起こされる。本病は、未分解有機物が多く土壌pHが低い開墾地や桑畑、果樹園跡地で発生が多い。

【防除】本病の防除には各種土壌くん蒸剤を用いた土壌消毒が有効である。

【薬剤】ガスタード、クロルピクリン剤、バスアミドなど。

白腐病（しろぐされびょう）

(1)*Pythium myriotylum*
(2)*Pythium scleroteichum*
(3)*Pythium spinosum*
(4)*Pythium ultimum* var. *ultimum*
[*Pythium ultimum*]

《病原》糸状菌
《発病》塊根（収穫時、貯蔵中）

【被害】塊根表面に楕円形～円形または不整形のくぼんだ病斑を生じる。塊根表面は固いが、切断すると内部は灰白色～淡褐色に腐敗し、病勢が進展すると腐敗部分は白色に固まり空洞部分が生じることが多い。

【発生】白腐病は、土壌中の糸状菌の一種によって引き起こされる。複数の菌が関与するが病徴は同じである。感染自身は圃場でおこるが、発病は貯蔵中に発生することが多い。したがって収穫直後よりも、数週間経過後の塊根に発生が多い。病原菌は水によって活性が高まるので、多雨条件で助長される。また、水はけの悪い畑で発生が多く、生育後期に降雨が多い場合には発病する可能性が高い。

【防除】発病歴がある畑では、サツマイモ以外の作物との輪作や排水対策を行う。

【薬剤】登録農薬はない。

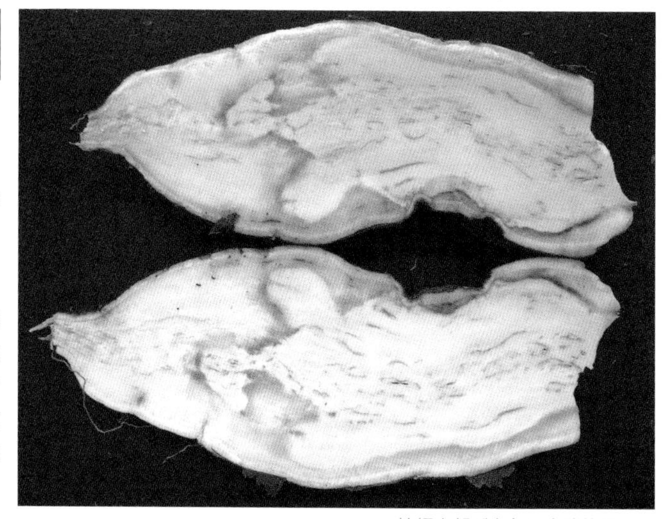

塊根内部が白色に腐敗伸展する

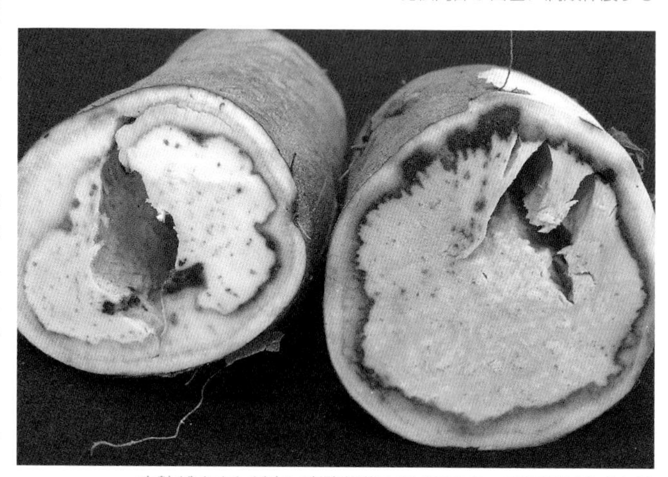

病勢がすすんだ古い腐敗部分は堅く固まり、空洞部が多くなる

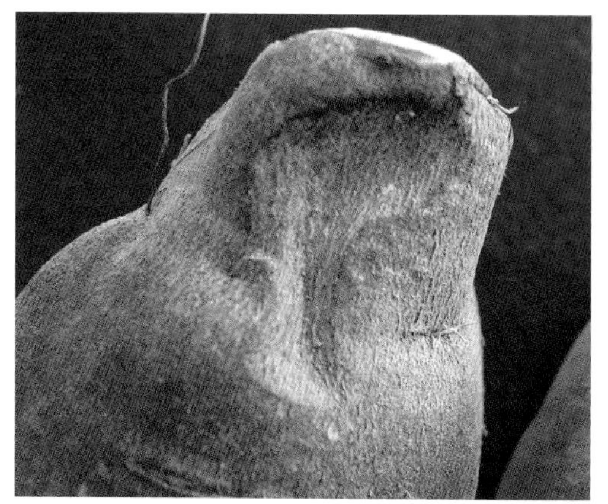

塊根表面にくぼんだ病斑ができる

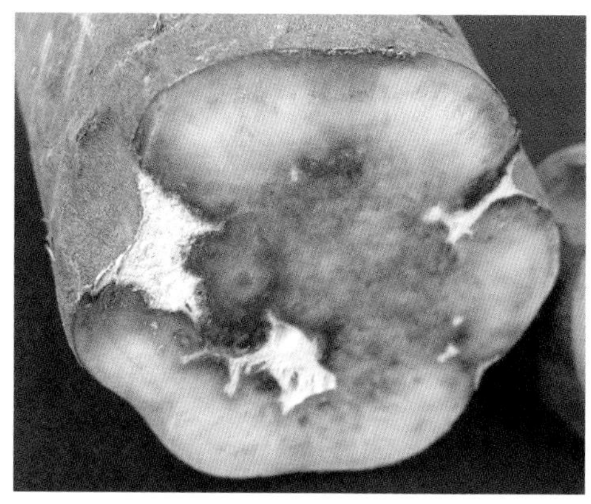

陥没病斑下の腐敗
（病斑下から塊根内部に白色腐敗が伸展する）

発病塊根

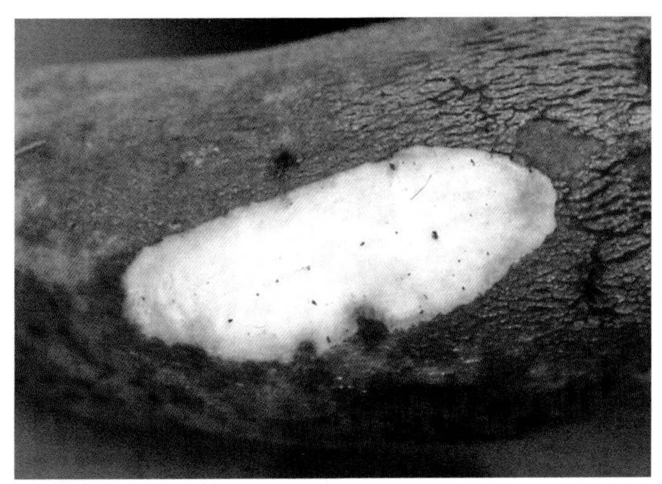

病斑は表皮のみに現れ、塊根内部は腐敗しない

淡黒色不整形の病斑が生じた塊根表面

黒あざ病（くろあざびょう）

Monilochaetes infuscans

《病原》糸状菌

《発病》塊根（収穫時、貯蔵中）

【被害】収穫時、塊根表面に淡黒色～黒色の不整形のあざ状の病斑を生じる。病斑は融合し、塊根全体を覆うことがあり、激しく発病すると塊根表面にひび割れを生じたりする。病斑は表皮にのみ認められ、塊根内部に進展せず、腐敗に至ることもない。

【発生】黒あざ病は、土壌中の糸状菌の一種によって引き起こされ、「種いも」と苗、土壌で伝染する。

【防除】病徴のない健全な塊根を「種いも」として選抜する。

【薬剤】登録農薬はない。

黒斑病（こくはんびょう）

Ceratocystis fimbriata

《病原》糸状菌

《発病》苗、茎、塊根（収穫時、貯蔵中）

【被害】育苗期に苗床で発病した苗の地下部および地際部の茎には黒い病斑が認められ、下葉が黄化する。畑では塊根がハリガネムシ（コメツキムシ幼虫）やコガネムシ幼虫等の土壌害虫やネズミに食害されると土壌中の病原菌が侵入し、収穫時に発病する。また、病原菌は収穫時に生じた塊根の傷口から感染し、貯蔵中に発病する。収穫時に発病が認められた畑の塊根は、外観上健全であっても貯蔵中に著しく発病することがある。塊根には直径2～3㎝の黒色の病斑を生じ、病斑の中央部には子のう殻の先端が突出して毛のように見える。症状が進むと病斑は融合し、腐敗は塊根の内部に進展し、病斑部はくぼんでくる。

【発生】黒斑病は土壌中の糸状菌の一種によって引き起こされる。本病は苗床や畑で苗、茎、塊根に発生するが、とくに貯蔵中の塊根に発生すると被害が大きい。本病を含め、各種腐敗性の病害に侵されたサツマイモは、ファイトアレキシンと呼ばれる生理活性物質を生成する。ファイトアレキシンには人畜に毒性のあるイポメアマロンや4－イポメアノールなどの物質が知られている。腐敗サツマイモを飼料として家畜に供与すると中毒することがあるので、注意する。

【防除】病徴のない健全な塊根を種いもとして選抜し、種いもは温湯消毒（47～48℃、40分間）あるいは農薬で消毒して用いる。また、苗の消毒を行う場合、苗の基部約10㎝を47～48℃の温湯に15分浸漬するか、農薬の希釈液に決めら

病斑（拡大）

黒色のくぼんだ病斑ができる

進展・拡大した病斑

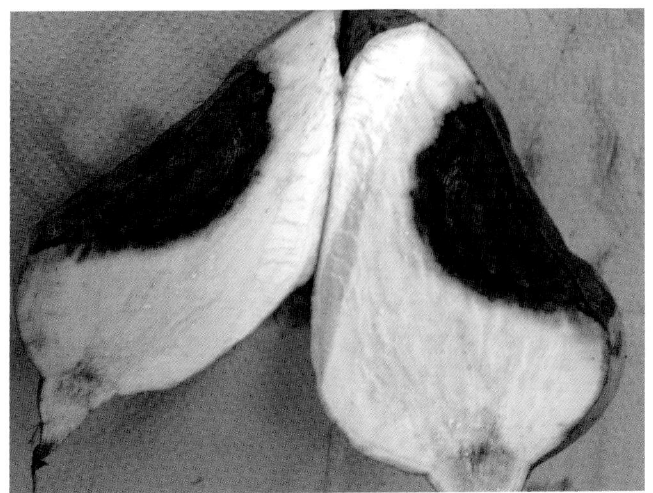
塊根内部に進展する腐敗

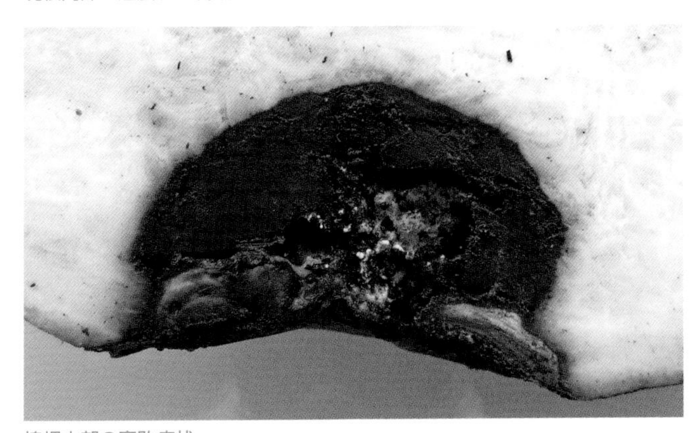
塊根内部の腐敗症状

れた時間浸漬する。貯蔵中における発病を防止するためには、キュアリング処理の効果が高い。収穫した塊根をキュアリング庫に積み込み、温度33±2℃、湿度90～95％の条件に設定して4日間程度（約100時間）保つ。キュアリングを行うことで、塊根の傷口や表皮下にコルク層が形成され、各種腐敗性病原菌の侵入を抑制することができる。処理後、速やかに庫内を開放、放熱して温度13～14℃、湿度90％以上の条件下でそのまま貯蔵する。なお、キュアリングには殺菌効果はないので、キュアリング処理以前の塊根に病原菌が侵入した場合は、貯蔵中に腐敗することが多い。したがって、収穫した塊根は、速やかにキュアリングを行うことが大切である。土壌中の病原菌密度低減には、サツマイモやマメ科以外の作物（トウモロコシなど）を導入し、1～2年輪作することが効果的である。本病の防除に加え、ネズミや土壌害虫の被害が多い畑ではこれらの防除も併せて行う。

【薬剤】トップジンM、ベンレート。

<ruby>軟腐病<rt>なんぷびょう</rt></ruby>

Rhizopus stolonifer など

《病原》糸状菌

《発病》塊根（貯蔵中のみ）

【被害】 軟腐病の発病適温は30℃前後で、最初に塊根が暗褐色で水浸状になり、のちに軟化・腐敗する。多湿条件下では、塊根の表面に白色のくもの巣様の菌糸が密生する。腐敗した塊根はアルコール発酵臭を放つ。

【発生】 軟腐病は糸状菌の一種によって引き起こされる腐敗性の病害である。病原菌は主に塊根の収穫時や出荷時にできた傷口から侵入し、貯蔵中あるいは輸送時に発病する。在圃日数が長く、熟度の進んだ塊根ほど腐敗しやすい。本病は収穫直後の貯蔵初期と気温が高まる4月以降に出荷する塊根に発生が多い。

【防除】 収穫した塊根をキュアリング庫に積み込み、温度33±2℃、湿度90〜95％の条件に設定して4日間程度（約100時間）保つ。キュアリングを行うことで、塊根の傷口や表皮下にコルク層が形成され、各種腐敗性病原菌の侵入を抑制することができる。処理後、速やかに庫内を開放、放熱して温度13〜14℃、湿度90％以上の条件下でそのまま貯蔵する。なお、キュアリングには殺菌効果はないので、キュアリング処理以前の塊根に病原菌が侵入した場合は、貯蔵中に腐敗することが多い。したがって、収穫した塊根は、速やかにキュアリングを行うことが大切である。温湿度を管理できるプレハブ等の貯蔵庫が利用できない場合、地面に掘った穴やパイプハウス内で貯蔵することができるが、温湿度の変化を少なくすることが腐敗防止に有効である。

【薬剤】 登録農薬はない。

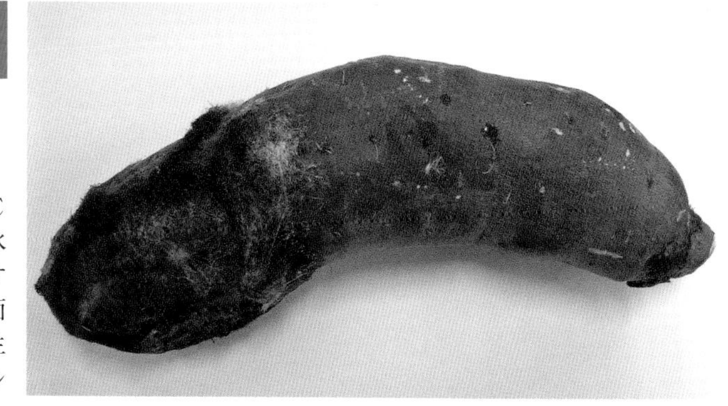

発病塊根

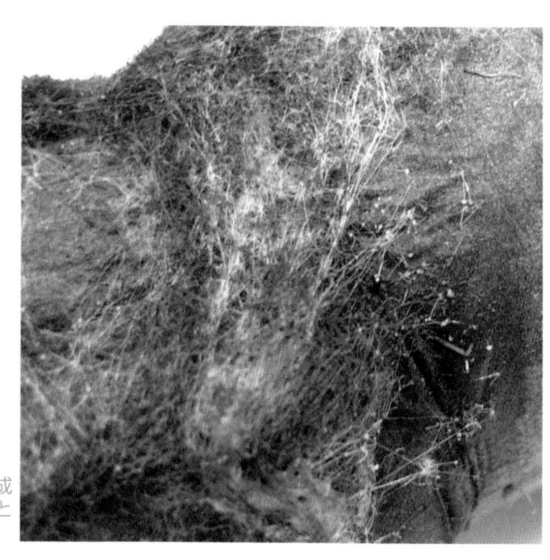

病斑上に形成された菌糸と胞子

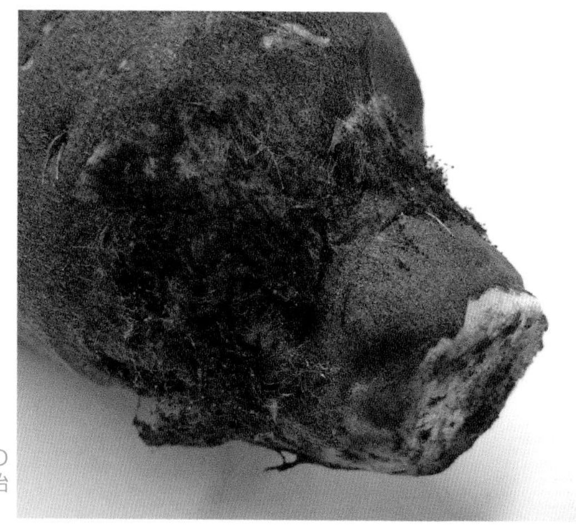

腐敗は塊根の切り口から始まる

発病塊根

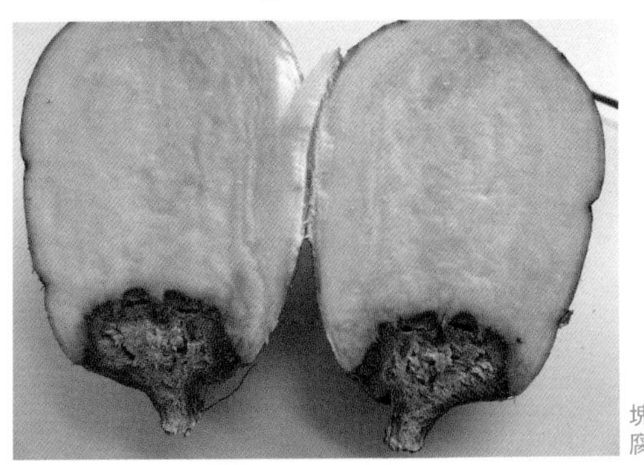

塊根のなり首から
腐敗が進展

塊根内部の腐敗

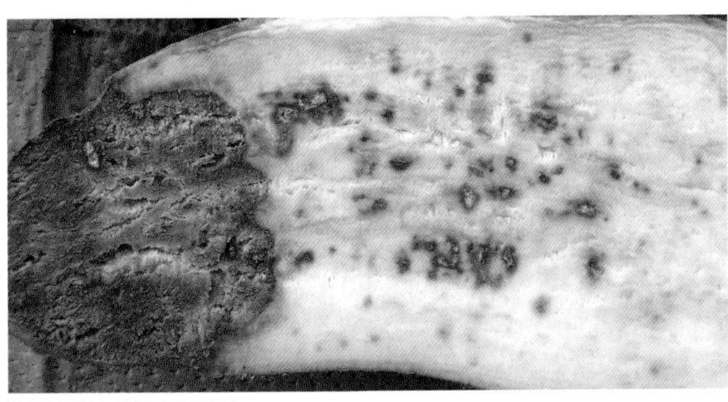

塊根内部の腐敗進展状況

かっしょくかんぷびょう

褐色乾腐病

(1)*Fusarium solani*

(2)*Trichoderma* sp.

《病原》糸状菌　《発病》塊根（貯蔵中）

【被害】 褐色乾腐病の発病適温は20～27℃で、塊根のなり首および先端部から発病することが多い。腐敗が塊根内部に進展すると、表皮にしわが生じてしぼむが、さほど軟化しない。塊根の腐敗部分を切断すると灰白色、褐色、黒褐色の濃淡が混じり合ったまだら模様になっていることが多い。

【発生】 褐色乾腐病は複数の糸状菌によって引き起こされる腐敗性の病害である。病原菌は主に塊根の収穫時や出荷時にできた傷口から侵入し、貯蔵中あるいは輸送時に発病する。在圃日数が長く、熟度の進んだ塊根ほど腐敗しやすい。貯蔵中に発生する腐敗には、アスペルギルス菌（*Aspergillus* sp.）やケトメラ菌（*Chaetomella* sp.）等の多くの糸状菌が関与している。これらの菌は土壌中や大気中に普遍的に存在しており、物理的、耕種的、環境的要因によって発生が助長されるので、腐敗の発生機構は複雑である。

【防除】 収穫した塊根をキュアリング庫に積み込み、温度33±2℃、湿度90～95％の条件に設定して4日間程度（約100時間）保つ。キュアリングを行うことで、塊根の傷口や表皮下にコルク層が形成され、各種腐敗性病原菌の侵入を抑制することができる。処理後、速やかに庫内を開放、放熱して温度13～14℃、湿度90％以上の条件下でそのまま貯蔵する。なお、キュアリングには殺菌効果はないので、キュアリング処理以前の塊根に病原菌が侵入した場合は、貯蔵中に腐敗することが多い。したがって、収穫した塊根は、速やかにキュアリングを行うことが大切である。

【薬剤】 登録農薬はない。

あおかびびょう
青かび病

Penicillium expansum またはその近縁種

《病原》糸状菌　《発病》塊根（貯蔵中）

【被害】 青かび病の発病適温は5～10℃と低く、冬季の低温条件下で発生する。塊根表面に黒褐色の円形病斑を形成し、腐敗は徐々に塊根内部に進展する。病斑上には青緑色の胞子（分生子）を多数形成する。

【発生】 青かび病は糸状菌の一種によって引き起こされる腐敗性の病害である。病原菌は主に塊根の収穫時や出荷時にできた傷口から侵入し、貯蔵中あるいは輸送時に発病する。在圃日数が長く、熟度の進んだ塊根ほど腐敗しやすい。貯蔵中に発生する腐敗には、アスペルギルス菌（*Aspergillus* sp.）やケトメラ菌（*Chaetomella* sp.）等の多くの糸状菌が関与している。これらの菌は土壌中や大気中に普遍的に存在しており、物理的、耕種的、環境的要因によって発生が助長されるので、腐敗の発生機構は複雑である。

【防除】 収穫した塊根をキュアリング庫に積み込み、温度30～33℃、湿度95％の条件に設定して4日間程度（約100時間）保つ。キュアリングを行うことで、塊根の傷口や表皮下にコルク層が形成され、各種腐敗性病原菌の侵入を抑制することができる。処理後、速やかに庫内を開放、放熱して温度13～14℃、湿度90％以上の条件下でそのまま貯蔵する。なお、キュアリングには殺菌効果はないので、キュアリング処理以前の塊根に病原菌が侵入した場合は、貯蔵中に腐敗することが多い。したがって、収穫した塊根は、速やかにキュアリングを行うことが大切である。

【薬剤】 登録農薬はない。

罹病した塊根の表面には青かびの菌叢が生じてくる

塊根表面で大きく育った菌叢

青かび病の菌叢が育つと塊根は腐敗し、徐々にしぼんでくる

青かび病によって全体が腐敗した塊根

定植２か月頃の発病株

発病株の株元

茎表面の分生子殻

収穫時の罹病株

罹病塊根の表面と断面（コガネセンガン）

基腐病（もとぐされびょう）

Diaporthe destruens

異名*Plenodomus destruens*

《病原》糸状菌

《発病》苗、茎、塊根（収穫時、貯蔵中）

【被害】苗床や畑で、茎が黒変して表面に多数の分生子殻を形成する。栽培前半に株元の茎が発病すると、葉は赤変・黄変し、株は萎凋して枯死する。栽培後半に株元の茎が発病すると、病徴は藷梗から塊根へと拡大する。罹病塊根の断面はしっとりとして、茶褐色に変色し、黒斑病に類似する臭いがあるため、出荷できずに減収する。また、発病圃場から収穫した塊根は貯蔵中に発病するため、問題になる。

【発生】本病はヒルガオ科植物のみに寄生する糸状菌の一種によって引き起こされる。一次伝染源として、罹病種いも由来の種苗伝染と被害残渣由来の土壌伝染がある。発病株上には多数の分生子殻が形成され、茎葉の接触や降雨とともに分生子が拡散して周辺株の二次伝染が起こる。排水不良圃場では特に発病が激しくなる。

【防除】種いもは無病の圃場から採取し、苗床の異常株は除去する。苗は地際から離して採取し、必ず苗消毒を行う。圃場は表面排水を徹底し、栽培前半に発病株を確認したら、抜き取りと薬剤散布を組み合わせて防除する。収穫後は残渣を持ち出すか、直ちに耕耘して残渣分解を促進するが、多発圃場ではサツマイモ以外の作物を複数年作付けする。

【薬剤】アミスター、ガスタード、ジーファイン、Ｚボルドー、バスアミド、ベンレート、ベンレートT。

皮脈症状（ひみゃくしょうじょう）

《病原》生理障害　《発病》塊根

【被害】塊根の表面に血管が浮きでたような症状となり、外観品質を著しく損なう。

【発生】塊根は土壌中の肥料的要因、土壌硬度、土壌水分や温度等の各種要因によって生理的な障害が発生する。皮脈症状の隆起した組織は表皮と一次形成層の間に形成されるが、その組織は塊根内部と変わらない。高温乾燥年に発生が多い傾向にあり、マルチ栽培は発生を助長する。また、カリ過剰、疎植、晩植条件で発生する。

【防除】適度な深耕による土壌物理性の改善、適正な施肥管理と有機物の施用による土作り、適正な栽培管理を基本とする。

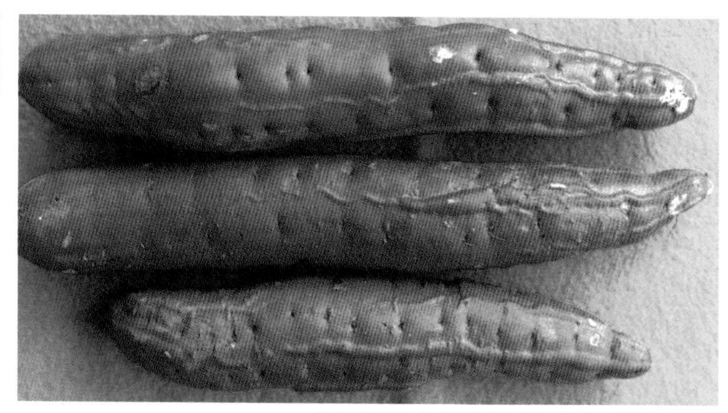

塊根表面に血管が浮き出たような筋が現れる

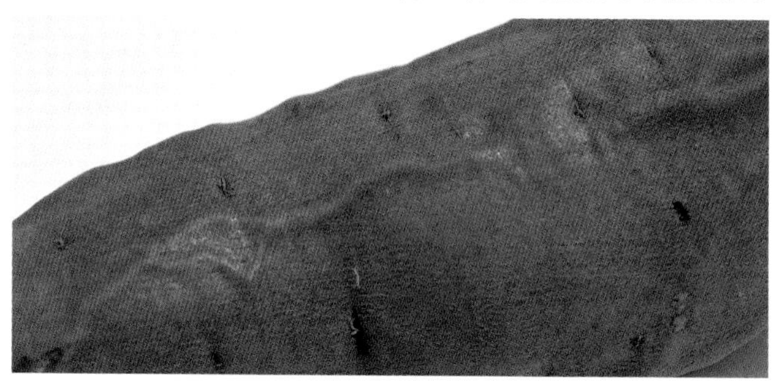

血管が浮き出たような隆起した筋

皮目症状（ひもくしょうじょう）

《病原》生理障害　《発病》塊根

【被害】皮目症状は塊根表面に幅1〜2㎜、長さ5〜10㎜程度の線形でコルク化して隆起した部分が横縞状に散在し、外観品質を損なう。

【発生】塊根の表面はコルク化した細胞から組成された周皮で覆われ、空気の通路となる皮目と呼ばれる穴が散在している。皮目症状は主に土壌水分過多や湿害が原因で、土壌中の酸素不足により塊根表面の皮目がよりコルク化して大きくなったものである。近年増加しているゲリラ的な豪雨等、気象の影響も大きいと考えられる。

【防除】本症状が発生する圃場では、排水対策を講ずる。

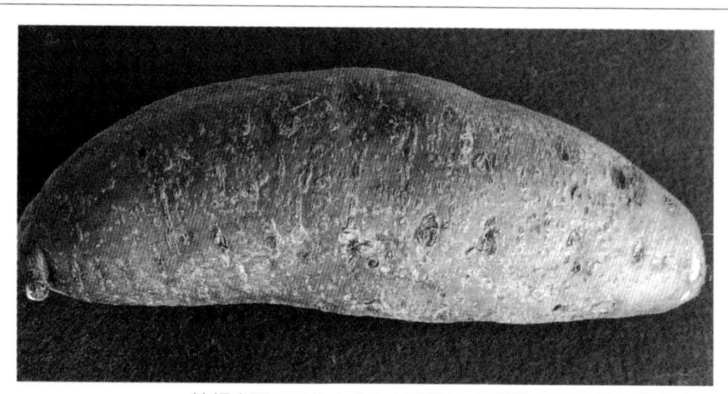

塊根表面にコルク化して隆起した部分が横縞状に散在する

大きくコルク化して隆起した皮目

塊根が縦方向に深く割れてくぼむ

裂開病（裂開症状）

《病原》生理障害　《発病》塊根

【被害】 裂開病は塊根が縦方向に深く割れてくぼみ、外観品質を著しく損なう。

【発生】 裂開病（裂開症状）の発生には塊根形成初期の土壌温度、土壌水分の影響が大きい。肥大が旺盛な塊根形成初期に乾燥条件下で急激に吸水すると裂開が誘発され、その後の低温や乾燥条件下では塊根の割れた部分が治癒しにくいため発生する。

【防除】 適度な深耕による土壌物理性の改善、カリ過剰にならないような適正な施肥管理と有機物の施用による土作り、適正な栽培管理、良質苗の使用を基本とする。裂開病（裂開症状）の発生は気象要因に大きく影響されるため、苗の定植は一時期に集中せず、適正な範囲のなかで定植時期に幅を持たせる。

塊根内部が筋状に褐変する

褐変は主に塊根の内部に現れ、表皮下には及ばない

心腐病（内部褐変症状）

《病原》生理障害　《発病》塊根

【被害】 塊根内部が褐色から黒褐色に変色する症状で、外観からは分からない。塊根内部の変色部には腐敗臭はしない。

【発生】 心腐病（内部褐変症状）は外観上、ごつごつとした大きな塊根に発生することが多い。高温乾燥条件で発生が多い傾向にあり、塊根成熟期の根重の急激な増加によって障害の症状が進展する。細胞崩壊による活性酸素消去機能の低下が褐変を引き起こす要因と考えられている。

【防除】 土壌物理性の改善、適正な栽培管理、良質苗の使用を基本とする。

ナカジロシタバ

Aedia leucomelas
チョウ目ヤガ科
《加害》葉

【被害】 幼虫が葉を食害する。苗床と圃場で発生し、若齢幼虫はつる先の未展開葉や展開したばかりの葉へ点々と小孔を空け、中・老齢幼虫は葉脈と葉柄を残して食い尽くすようになる。被害が激しいと塊根肥大が抑制され、収量が低下する。圃場での被害は8～9月が最も大きい。また、多発すると圃場内の葉を食い尽くして周辺に移動するため、隣接する宅地などでは不快害虫として問題となる。

【発生】 関東以西では年3回、西南暖地では年4回発生する。老齢幼虫が土中に潜って前蛹で越冬する。鹿児島では4～5月に羽化し、幼虫は第1世代が5～6月、2世代が6～7月、3世代が8～9月、4世代が9～10月に発生し、第3～4世代の被害が大きい。関東では8～9月の3世代の被害が問題となる。1雌の産卵数は400～500粒で、25℃条件下では卵4日、幼虫18日、蛹18日程度を要する。関東以西の各地に分布する。

【防除】 薬剤の効果は幼虫の発育に伴い低下するので若齢期に防除する。つる先の未展開葉の被害が発生の目安になる。

【薬剤】 カーバメート剤（**オリオン**）、ジアミド剤（**フェニックス**、**プレバソン**、**ベネビア**）、スピノシン剤（**ディアナ**）、マクロライド剤（**アニキ**）、IGR剤（**カスケード**、**ノーモルト**、**ファルコン**、**マトリック**、**マッチ**、**ロムダン**）、その他（**アクセル**、**グレーシア**、**トルネードエース**、**プレオ**、**ブロフレア**）など。

成虫（前翅長：約16mm）

老齢幼虫（体長：40～50mm）

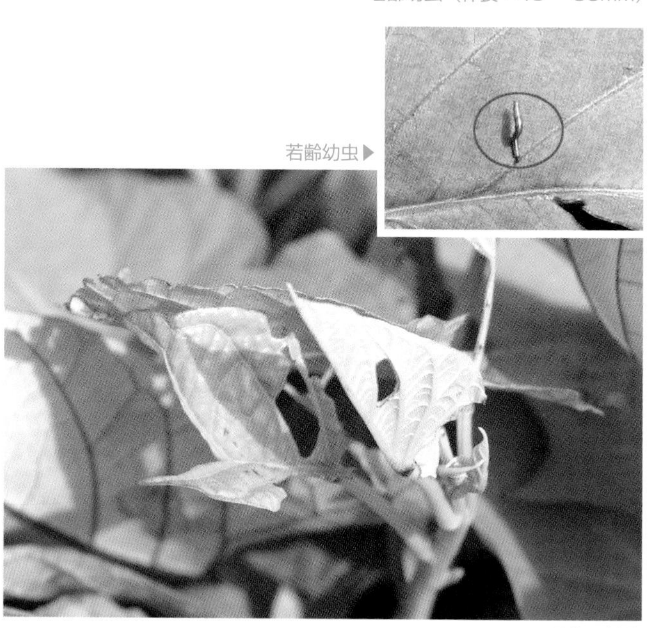

若齢幼虫▶

つる先の被害

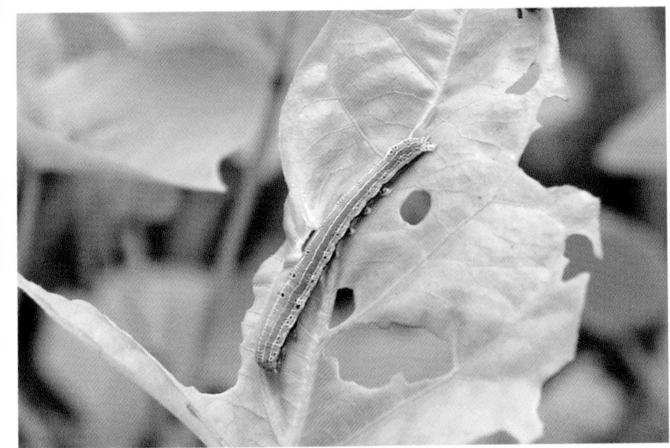
老齢幼虫と被害

軽微な被害

激しい被害

ハスモンヨトウ

Spodoptera litura
チョウ目ヤガ科
《加害》葉

【被害】 幼虫が葉を食害する。若齢幼虫は葉裏を集団で摂食し、食害部は白く透けたようになる。中・老齢幼虫の食害はナカジロシタバ、エビガラスズメと類似し、葉脈や葉柄を残して食い尽くすようになる。被害が問題となるのは9～10月であるが、一般的にナカジロシタバより発生密度が低い。

【発生】 年4～6回発生する。休眠性がないため寒さに弱く、加温施設や暖かい地域では幼虫が土中に潜り越冬する。また、梅雨期などに成虫が海外から飛来するとされる。中齢幼虫以降は、日中はマルチ下などに潜り、夜間に出現し摂食する個体が多い。1雌当たりの産卵数は1,000～3,000粒で数十～数百粒ずつ3～6卵塊に分けて産卵する。25℃条件下では卵4日、幼虫19日、蛹14日程度を要する。全国に分布する。

【防除】 合成性フェロモンを利用した発生予察に基づき、ナカジロシタバとの同時防除を行う。薬剤によっては感受性が低下しているため、本種が優占種の場合は薬剤選定に注意し、若齢期に防除する。

【薬剤】 カーバメート剤（**オリオン**）、ジアミド剤（**フェニックス、プレバソン、ベネビア**）、スピノシン剤（**ディアナ**）、生物農薬（**サブリナ、ゼンターリ、デルフィン**）、マクロライド剤（**アニキ、アファーム**）、IGR剤（**アタブロン、カスケード、ノーモルト、ファルコン、マトリック、マッチ、ロムダン**）、その他（**アクセル、グレーシア、コテツ、トルネードエース、プレオ、ブロフレア**）など。

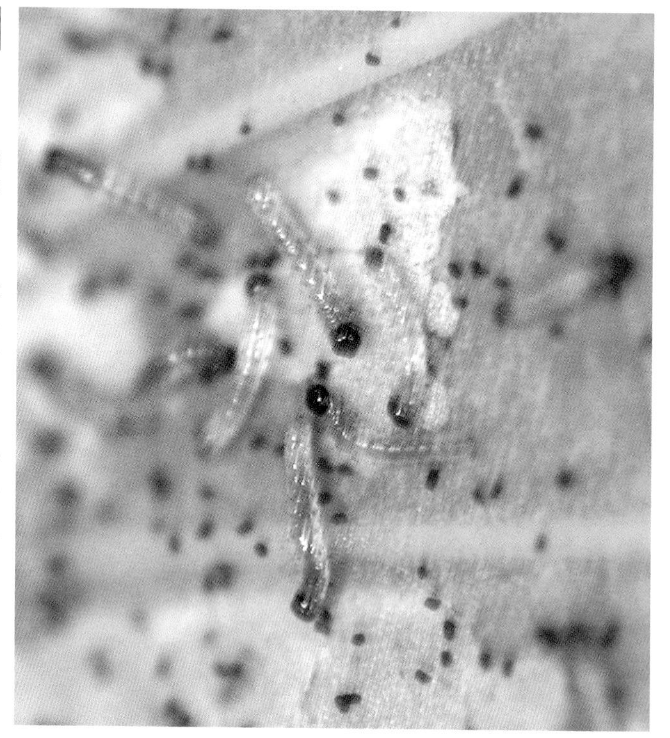
若齢幼虫

若齢幼虫の食害（白変葉）

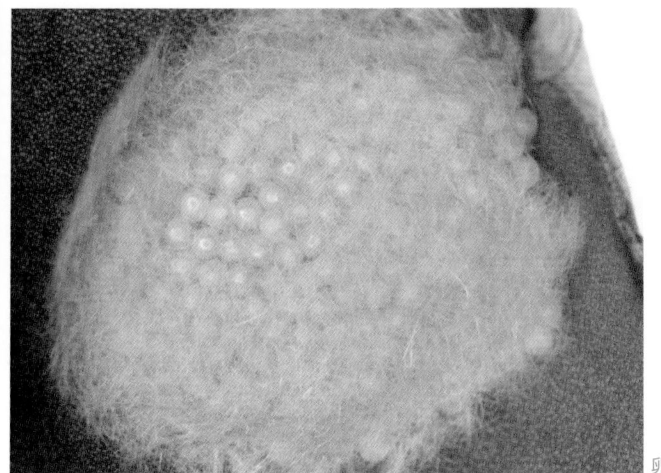
卵塊

中齢幼虫（体長：約 20 ～ 30mm）

成虫（前翅長：約 16mm）

エビガラスズメ

Agrius convolvuli
チョウ目スズメガ科
《加害》葉

【被害】 幼虫が葉を食害する。若・中齢幼虫の食害状況はナカジロシタバに類似するが、老齢幼虫は葉柄のみを残して食い尽くす。一般に他のチョウ目害虫より発生密度は低いが、幼虫の摂食量はナカジロシタバの8倍と多いため、短期間に思わぬ被害を受けることがある。

【発生】 本州では年2回、西南暖地では年3回発生する。老齢幼虫が土中に潜り、蛹で越冬する。鹿児島県では6月上旬までに羽化し、幼虫は第1世代が6～7月、2世代が8～9月、3世代が9～10月に発生する。発生量、加害盛期は年次により異なり、早い時期から発生する場合もある。1雌当たりの産卵数は400～700粒で、25℃条件では卵4日、幼虫21日、蛹18日程度を要する。全国に分布する。

【防除】 老齢幼虫になると薬剤の効果が低下するので若齢期に防除する。薬剤防除の効果は高く、ナカジロシタバを防除すると本種の発生密度も低下する場合が多い。

【薬剤】 **アグロスリン**、**ハクサップ**、**ランネート**。圃場ではナカジロシタバなどと同時防除されている場合もあると思われる。

成虫（前翅長：約 40mm）

老齢幼虫（体長：80 ～ 90mm）

生育初期の被害

成虫（前翅長：7.1 ～ 8.4mm）

老齢幼虫（体長：約 15mm）

被害葉（葉を折って綴り、中に幼虫がいる）

イモキバガ
［イモコガ］

Helcystogramma triannulella

チョウ目キバガ科

《加害》葉

【被害】幼虫が葉を食害する。幼虫は葉を折ったり、重なり合う葉を綴って中に潜り、内側から表皮を残して葉肉を食害するので、葉脈が網目状に残り、表皮が白く透けて見える。食害部は古くなると表皮が破れ、葉脈だけになることがある。新しい被害葉の中を開くと幼虫と糞が認められる。早植栽培では5～6月、普通栽培では苗床と8月下旬以降に被害が多い。

【発生】関東地方では年に4回、西南暖地では6～7回発生する。成虫で越冬し苗床や早植栽培の圃場へ飛来する。1雌の産卵数は約300粒で、25℃条件下では卵5日、幼虫12日、蛹7日程度を要する。九州以北に分布する。

【防除】春期は他のチョウ目害虫より発生が多く、苗床や生育初期の発生に注意する。老齢幼虫は葉を固く綴るため、薬剤が到達しにくく防除が困難となる。

【薬剤】アグロスリン、オリオン、ハクサップ、パダンなど。圃場ではナカジロシタバなどと同時防除されている場合もあると思われる。

ヒルガオハモグリガ

Bedellia somnulentella
チョウ目ハモグリガ科

《加害》葉

【被害】 幼虫が葉を食害する。若齢幼虫は葉内を線状に潜行し、中・老齢幼虫になると表皮のみを残して面状に摂食するため、食害部は半透明となる。腹端を外に出して排糞するので、食入孔の周囲に黒い塊が見える。老熟すると葉内から出て、茎葉に糸をはり、蛹化する。甚大な被害を受けると葉は赤茶け、糸で覆われるため、圃場外からでも被害を判別できる。春先の苗床や早植栽培の4～5月に被害が散見されるが、その後は少なく8月以降に発生量、被害が急激に増加する。なお、発生量の年次間差および圃場間差は大きい。

【発生】 年に約10回発生する。成虫で越冬し、翌春、ヒルガオ科の植物上で1～2回発生し、サツマイモへも移動する。1雌当たりの産卵数は約100粒で、25℃条件下では卵5日、幼虫10日、蛹4～5日程度を要する。本州、四国、九州に分布するが、特に南九州での発生が問題となる。

【防除】 発生回数が多く、各虫態が混在するため、発生が多い場合は1週間おきに2～3回防除する。

【薬剤】 **エルサン**。圃場ではナカジロシタバなどと同時防除されている場合もあると思われる。

老齢幼虫（体長：約 7mm）

卵殻と若齢幼虫被害

成虫（前翅長：約 4.5mm）

蛹（約 6mm）

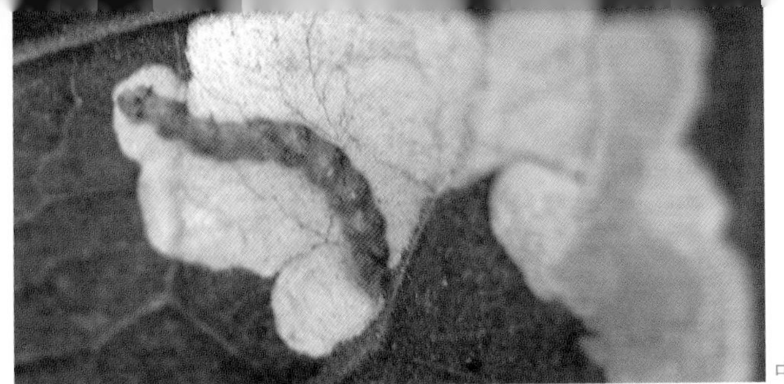
中齢幼虫の被害

老齢幼虫（糞は葉外に排出）

若齢幼虫の被害

中・老齢幼虫の被害

圃場での甚大な被害

サツマイモノメイガ

Omphisa anastomosalis

チョウ目ツトガ科

《加害》茎、葉、塊根

【被害】幼虫が葉、葉柄、茎、塊根内を食害する。被害葉は食入部が黒変し、微量の糞が付着しているので分かりやすい。茎は食害されると空洞になり、地際部は著しく肥大し、木質化するためもろくなり、台風などで折れてしまうことがある。被害株は枯死することはなく、葉も黄化しない。塊根の加害はまれであるが、食入すると不規則に曲がりくねった孔道をつくり、糞をしながら暴食し、アリモドキゾウムシやイモゾウムシより被害が大きい。

【発生】年4～5回発生する。成虫は4月上旬頃からみられ、発生は4～5月と9～10月に多い。卵は葉裏や葉柄に1卵ずつ産みつけられ、ふ化幼虫が産卵場所かその付近から食入し、主脈から葉柄を経て茎に移行する。その後は皮部のみを残して地際部まで食い進み、株元の地面に大粒の糞を排出する。老齢幼虫は食孔内に脱出孔を作り、繭の中で蛹になる。1雌当たりの産卵数は約130粒で、卵は5～7日、幼虫は25～46日、蛹は13～17日を要する。奄美大島以南の南西諸島に分布する。

【防除】本種はアリモドキゾウムシ、イモゾウムシと同様に特殊病害虫に指定されており、発生地からの生の寄主植物（ヒルガオ科の植物）の移動が禁止されている。防除はアリモドキゾウムシ、イモゾウムシと同様に圃場周辺の寄主植物の除去などを行う。

【薬剤】本種に対する登録薬剤はない。

成虫

幼虫

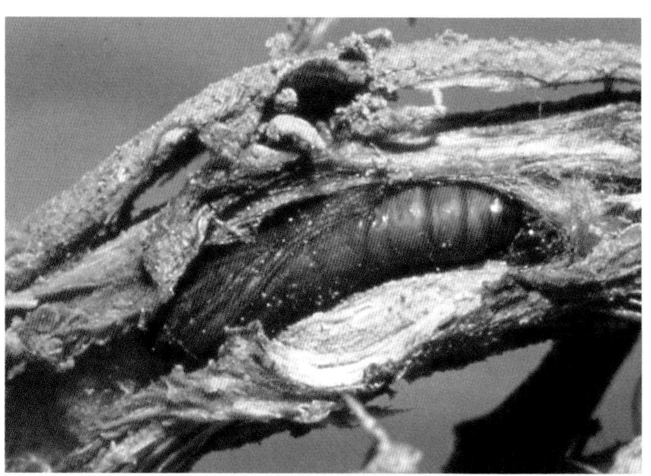

蛹

成虫（体長：10 ～ 13mm）

ホオズキカメムシ

Acanthocoris sordidus

カメムシ目ヘリカメムシ科

《加害》新梢、茎

【被害】成虫、幼虫が新梢や茎から吸汁するため、寄生密度が高いとしおれる場合がある。苗床や圃場で成虫、幼虫が普通にみられるが、被害は軽微である。

【発生】年2回程度の発生で、越冬した成虫は4月下旬頃から、新成虫は8月頃から発生する。雌成虫は草上に集団を作り、葉裏に10～30粒を一塊にして産卵する。幼虫は2齢から摂食を始め、集団を形成する。3齢になると徐々に分散し、5齢幼虫を経て羽化する。夏季の高温乾燥が続いた年に多発する傾向がある。本州以南に分布する。

【防除】圃場周辺の雑草地から侵入するため、除草などを行う。

【薬剤】本種に対する登録薬剤はない。

成虫（体長：約 2mm）

吸汁被害

クロトビカスミカメ

Halticus insularis

カメムシ目カスミカメムシ科

《加害》葉

【被害】成虫、幼虫が葉から吸汁するため、群棲すると葉に無数の白い斑点が生じ、しおれてしまう。植付直後から生育初期に被害を受けると生育遅延する場合がある。オオクロトビカスミカメ（*Ectmetopterus micantulus*）による吸汁も白斑の被害となるが、多発することは少なく、生育を阻害することはない。

【発生】圃場周辺にクズやツユクサなどの雑草地があると植付後に飛来する。四国、九州、対馬、南西諸島に分布する。

【防除】圃場周辺の雑草地から侵入するため、除草などを行う。

【薬剤】本種に対する登録薬剤はない。

モモアカアブラムシ

Myzus persicae
ヨコバイ目アブラムシ科
《加害》葉

【被害】 成虫、幼虫が葉裏や葉柄に寄生し吸汁加害するため、発生が多いと葉が縮れたり巻いたりする。芯葉に集中して寄生するので早植栽培では生育初期、普通栽培では苗床の生育が抑制されることがある。吸汁による直接的な被害は少ないが、本種が非永続的に媒介するサツマイモ斑紋モザイクウイルス（SPFMV）による塊根の帯状粗皮病が問題となる。

【発生】 寒地ではモモ、スモモ、ウメなどのバラ科植物（主寄主植物）で卵越冬し、暖地ではアブラナ科、ナス科の野菜および野草など（中間寄主植物）で胎生雌虫や幼虫で越冬するものが多い。5月頃に有翅胎生雌が出現して多くの種類の中間寄主植物に移動し、数世代にわたり無性的胎生を続けて繁殖する。サツマイモでの発生は春と秋にみられるが、春世代の発生が多い。一般的に降雨の少ない年は発生が多い。全国に分布する。

【防除】 苗の増殖施設では、親苗による持ち込みを注意し、防虫ネットなどの被覆資材により有翅虫の侵入を防ぐ。シルバーストライプマルチは忌避効果があり、圃場での発生が抑制される。

【薬剤】 **アクタラ、アドマイヤー、コルト、スタークル（アルバリン）、ダントツ、ベストガードなど。**

成虫と幼虫（背腹部の白いのはゴミ）

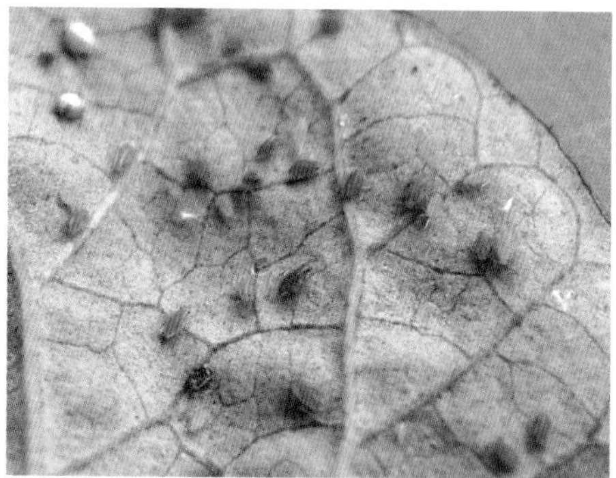
無翅胎生雌虫など
（体長：1.8～2.0mm）

苗の萎縮
（茎葉に多数寄生）

タバココナジラミ

Bemisia tabaci
ヨコバイ目コナジラミ科
《加害》葉

【被害】成虫、幼虫が葉裏から吸汁し、多発すると退色、萎凋、生育障害が起き、排泄物（甘露）にすす病が発生する。発生は苗床や早植栽培（トンネル被覆）で多い。また、本種はサツマイモ葉巻ウイルス（SPLCV）を媒介する。

【発生】野外では年3～4回、施設内では年10回以上発生すると思われる。成虫は若い葉を好んで寄生する。交尾した雌が葉裏に産卵し、1雌当たりの産卵数は60～200粒である。1齢幼虫は歩行して移動するが、その後は4齢幼虫までほとんど動かず、羽化する。25℃条件下では卵から成虫まで22～25日を要し、発育適温は約30℃、高温を好み、耐寒性は弱い。全国に分布する。

【防除】防虫ネットにより苗床への侵入を阻止する。また、各種薬剤に対する抵抗性が問題となっており、薬剤選定には注意する。

【薬剤】アグロスリン、グレーシア、コルト、サンマイト、スタークル（アルバリン）、ベストガードなど。

卵（長径：約0.2mm）

蛹（0.8～1.0mm）

成虫（体長：約0.8mm）

成虫

カンザワハダニ

Tetranychus kanzawai

ダニ目ハダニ科

《加害》葉

【被害】 葉裏に生息し、吸汁加害されると葉の表面に白い斑点が点々とできてかすり状になる。激しく被害を受けると落葉したり、葉が枯れ上がったりする。また、密度が高まると雌成虫は株の上部に糸を出しながら移動するため、葉が糸で覆われた状態となる。サツマイモでは苗床（施設）や早植栽培（トンネル栽培）などで発生が多いが、露地栽培での被害は少ない。

【発生】 年10～13回発生する。卵、幼虫、第1若虫、第2若虫と3回脱皮して成虫になる。1雌当たりの産卵数は約100粒で、25℃条件下では卵から成虫まで17日程度を要し、乾燥条件で発生が多くなる。全国に分布する。

【防除】 本種はスポット的に発生するため、圃場では発生に注意し、早期発見、初期防除に努める。下葉の葉裏に多く寄生しているので、薬剤が葉裏に十分かかるように丁寧に散布する。

【薬剤】 **アカリタッチ、カダンセーフ、グレーシア、コテツ、コロマイト、サンマイト、粘着くん、バロック、マイトコーネ**など。

雌成虫

雌成虫と卵

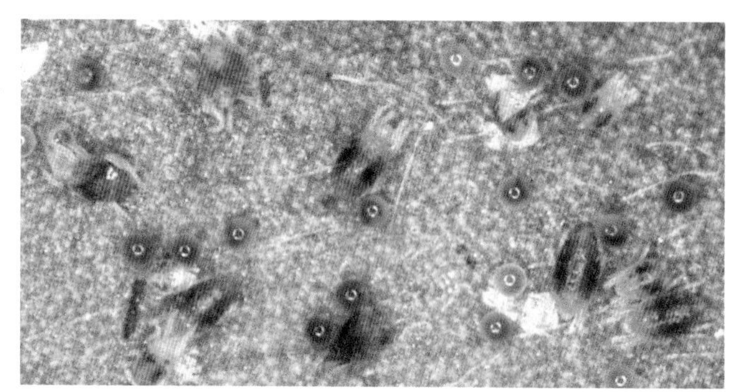

寄生状況（体長：雌成虫約 0.5mm）

被害

老齢幼虫（アオドウガネ：約 50mm）

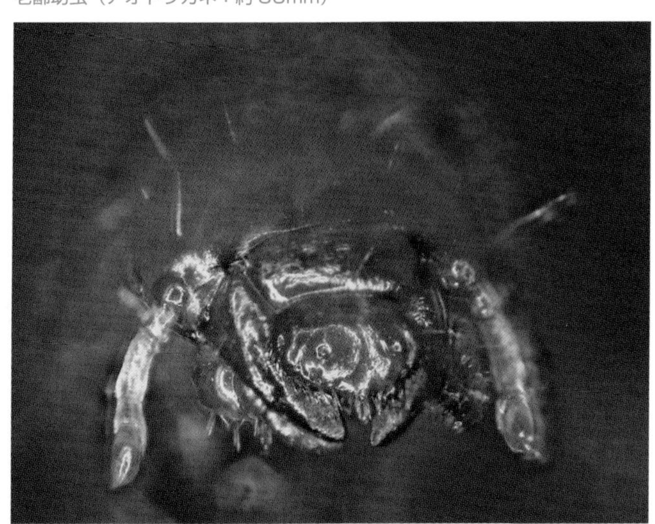

幼虫頭部（ヒメコガネ）

左端：産卵直後の卵、右端：ふ化直前の卵
（卵は産卵後の経過にともない、しだいに肥大し、丸みを帯びる）

コガネムシ類

コウチュウ目コガネムシ科
《加害》塊根

ドウガネブイブイ
Anomala cuprea

アオドウガネ
Anomala albopilosa

ヒメコガネ
Anomala rufocuprea

アカビロウドコガネ
Maladera castanea

オオクロコガネ
Holotrichia parallela

【被害】土中の幼虫が塊根の表面を食害するため、青果用や加工用サツマイモでは品質が著しく低下する。食害痕の長さはまちまちで円状や線状となる。一般的に1齢幼虫は土壌中の腐植など有機物を摂食する。2齢幼虫以降に塊根を摂食するようになり、3齢幼虫は摂食量が増すため、被害も大きくなる。食害痕の表面は粗く、土が付着しやすい。早い時期に加害を受けた場合、表面は治癒するが食害痕として残る。早植栽培では越冬後幼虫による被害を受け、普通栽培では8月下旬以降に新幼虫による被害を受ける。サツマイモを加害する種は複数知られているが、数種が混発している場合が多い。

【発生】ほとんどが年1回の発生で、幼虫が土中で越冬する。成虫はサツマイモの葉をあまり摂食せず（アカビロウドコガネを除く）、羽化した成虫は餌植物へ移動する。そこで摂食、交尾して生殖機能を発達させた後にサツマイモ圃場へ移動し、土中に潜って産卵する。圃場での幼虫の垂直分布は畦内の中下層に多く、水平分布は圃場内に均一性はみられない場合が多い。

【防除】越冬後幼虫には土壌くん蒸剤によるセンチュウ類との同時防除が有効である。新幼虫には植付前〜植付時の殺虫剤処理による予防の被害軽減効果が高い。ただし、薬剤処理後の土壌混和が不十分な場合や残効の短い薬剤を使用した場合は効果が不十分となる。また、処理時に土壌が乾燥している時は効果が劣る。一方、多量の有機物資材の施用は成虫の産卵を誘引するといわれ、栽培直前の施用や未熟堆肥の利用は避ける。

【薬剤】 殺虫剤（**アクタラ、アドマイヤー、ダイアジノン、ダントツ、プリンスベイト**）、土壌くん蒸剤（**テロン、DC油剤、D-D**）など。

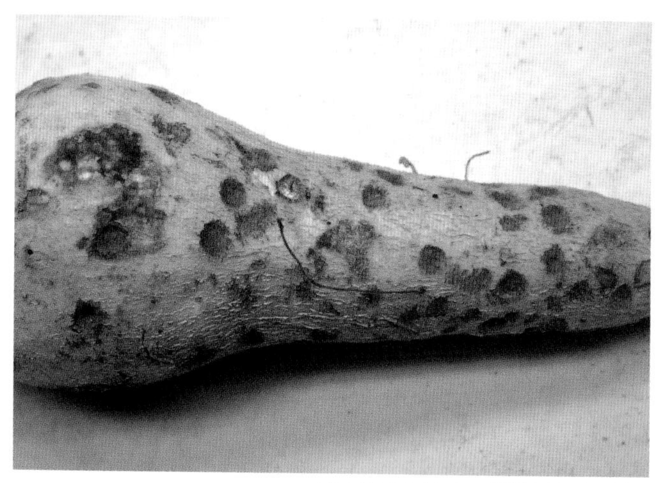

オオクロコガネ中・老齢幼虫による被害

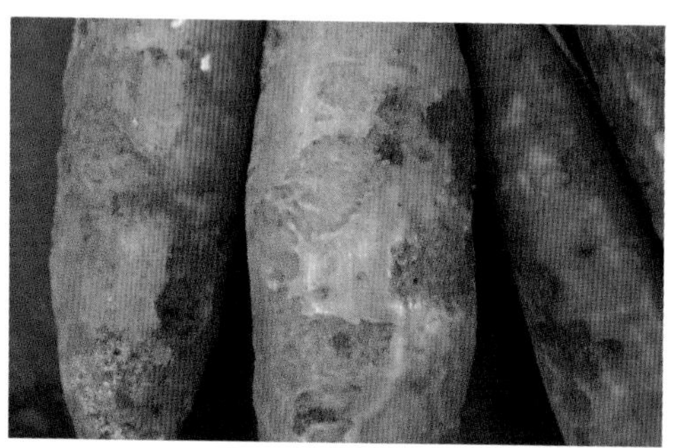

食害（古い被害は表皮が治癒し、新しい食害は白く見える）

オオクロコガネ老齢幼虫による被害

食害面（表面が粗い）

幼虫による被害

ドウガネブイブイ成虫
（体長：20 ～ 24mm）

アオドウガネ成虫（体長：18 ～ 22mm）

ヒメコガネ成虫（体長：13 ～ 16mm）

アカビロウドコガネ成虫（体長：約 13mm）

オオクロコガネ成虫（体長：18 ～ 21mm）

トビイロヒョウタンゾウムシ［ハイイロサビヒョウタンゾウムシ］

Scepticus uniformis
コウチュウ目ゾウムシ科
《加害》塊根

【被害】成虫の葉への被害は少なく、幼虫が塊根を食害する。被害痕は塊根の表面にみられ、幅が2～4mm、深さ3～4mmで不規則に蛇行し、コガネムシ類の食害と類似する。しかし、コガネムシ類の食害は幅が太く加害部が粗いのに対し、ゾウムシの食害は細く加害部は小さく丸くえぐり取られているので区別できる。7～8月に掘り取る早植栽培で被害が多い。

【発生】年1回発生する。成虫、幼虫が土中で越冬し、越冬後成虫は4月中旬頃から活動を始める。後翅の退化により飛翔もできないため、圃場周辺の雑草（ヨモギ、アレチノギクおよびカラスノエンドウなど）を摂食して蔵卵した個体が歩いて侵入し、産卵すると考えられる。産卵は5月上旬頃から6～8月頃まで続き、ふ化後の幼虫は細根を摂食するが、中齢幼虫になると塊根を摂食するようになる。新成虫は8月頃から発生するが、そのまま土中に留まり越冬することが多い。羽化後に地上に出現した場合は10月頃から雑草や冬作物の株元、枯れ草の下などで越冬する。1雌当たりの産卵数は約940粒で、25℃条件下では卵14日、幼虫60日、蛹14日程度を要する。関東以西に分布する。

【防除】前年に被害を受けた圃場では周辺の密度が高いことが予想される。春先の越冬後成虫の出現時期に圃場周辺部の畦畔や雑草地は定期的に草刈りを行い、密度を低下させる。

【薬剤】ダントツ、ノーモルト。

成虫（体長 6.5 ～ 8.2mm）

老齢幼虫（体長：約 8mm）

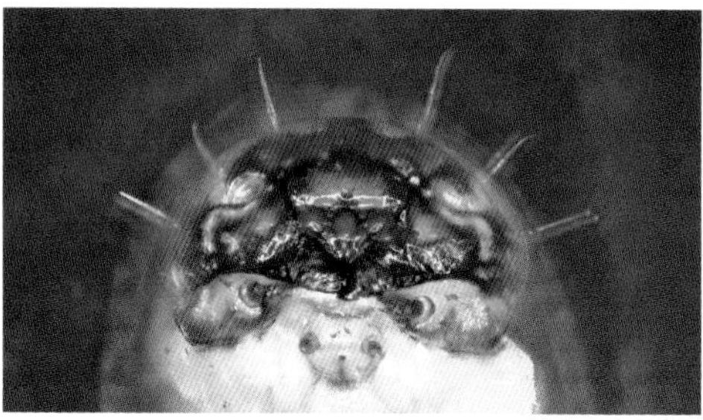
幼虫頭部

蛹

幼虫の被害

古い食害痕（治癒している）

マルクビクシコメツキ
［ハリガネムシ］

Melanotus foltnumi

コウチュウ目コメツキムシ科

《加害》塊根

【被害】 幼虫が塊根に頭部を貫入して摂食するため、直径1～3mmの円形の孔が食害痕として残る。深さは1mm前後のものから数cm以上で塊根内部に達するものもあるが、点々と独立して連なることはない。早くに被害を受けると塊根肥大に伴い被害痕も拡大する。また、加害部から黒斑病や腐敗性微生物が侵入し二次的に塊根の腐敗を助長したり、塊根内の加害部周辺が褐色～黒褐色に変色する場合もある。被害は4月下旬に植付けた圃場では7月下旬頃から急激に進展する。

【発生】 1世代を経過するのに2～3年を要する。前年9月頃に土壌中で羽化し、越冬した成虫が4～5月に地上に出現する。5月頃から土壌中に1粒ずつバラバラに産卵する。生育期間は卵が15日、蛹が10日程度でそのほとんどは幼虫態（1～8齢）で過ごす。サツマイモ圃場で被害をもたらす個体は植付け前から圃場内に生息していた個体もしくは周辺の畦畔部から侵入してきた個体と思われる。本州中部以西、四国、九州に分布する。

【防除】 チガヤやススキその他の雑草が生えた畦畔や土手と隣接する圃場では被害が大きい。圃場内の被害は一般的に周辺部が多く内部が少ないが、密度が高いと被害は圃場全体に及ぶ。このため、前年に発生が多かった圃場では栽培しないのが望ましい。連作する場合は植付前に薬剤防除および畦畔部の除草を行い、圃場内に30～40cmの溝を掘り巡らすなど侵入防止対策を講じる。

【薬剤】 殺虫剤（**プリンスベイト**）、土壌くん蒸剤（**クロールピクリン**、**クロピク80**、**ドジョウピクリン**、**ドロクロール**）など。

幼虫（体長：約25mm）

幼虫の食害（小孔）

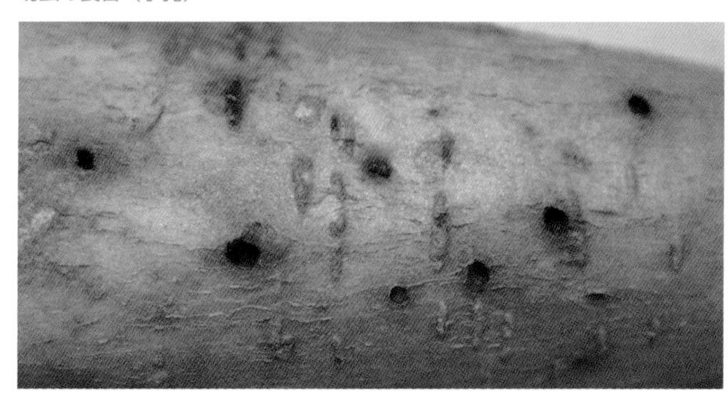

幼虫の食害（小孔）

古い被害（孔が拡大する）

サツマイモトビハムシ
[サツマイモヒサゴトビハムシ]

Chaetocnema confinis
コウチュウ目ハムシ科
《加害》葉、塊根

【被害】 成虫は葉を引っ掻いたように食害し、生育初期に大きな被害を受けると生育が遅延する。幼虫は塊根表面を外側から線状に摂食したり、表皮下を潜行し絵描き状に摂食するため、青果用などでは商品性が低下する。

【発生】 年数回の発生で、成虫は5月頃からノアサガオや苗床でみられ始め、種子島では5月に植付けた圃場では、成虫が7月中旬頃からみられ、8～9月に発生ピークとなる。幼虫による被害は8月上旬から認められ、9月にかけて進展する。地中浅くに産卵し、ふ化した幼虫は移動しながら細根を摂食し、その後、塊根も摂食するようになる。しかし、栽培後期には細根が老化するため、本種の発生には不適な条件となり、10月の収穫期には幼虫はほとんどみられない。本種は雌性単為生殖を行う。夏季には1世代に30日程度を要するとされる。小笠原諸島および南九州以南に分布する。

【防除】 成虫は畦の割れ目などから畦内に産卵すると思われるため、マルチ栽培では無マルチ栽培より被害が少ない。

【薬剤】 アグロスリン。

成虫の接写（体長：約 1.5mm）

成虫

卵

老齢幼虫（体長：約 4mm）

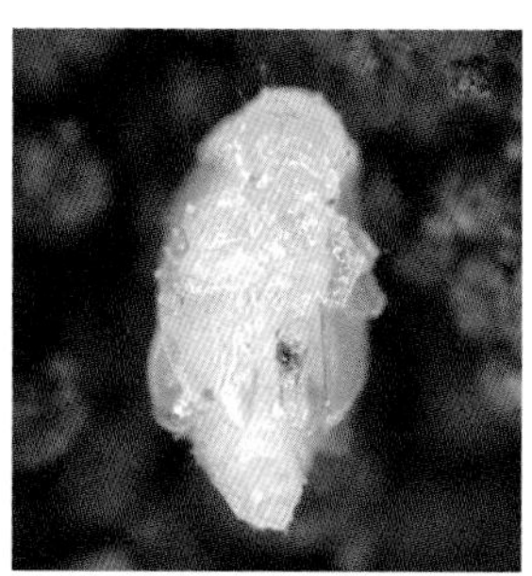

蛹

成虫の食害（引っ掻いたような傷）

生育初期の甚被害

生育初期の甚被害

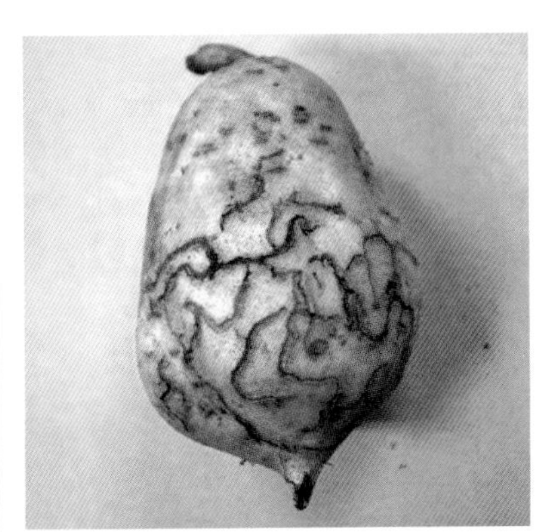
幼虫による塊根被害

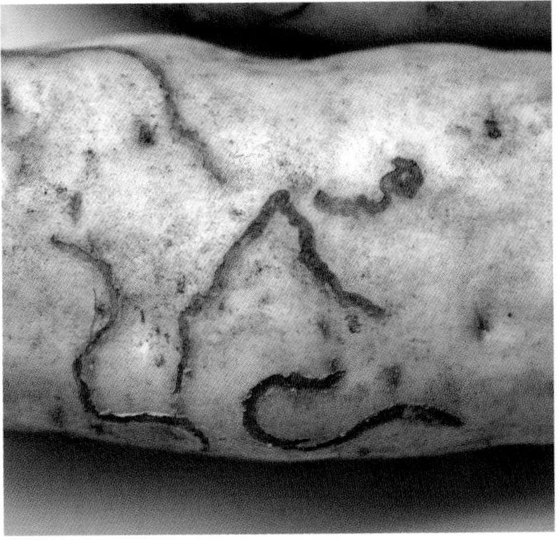
幼虫による表皮外側からの食害

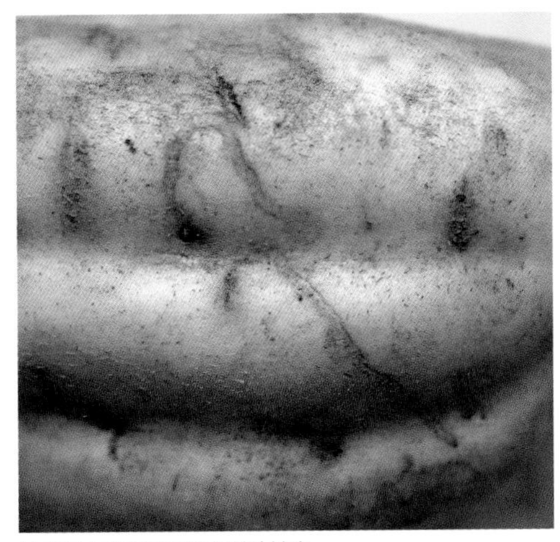
幼虫による表皮内部の潜孔被害

アリモドキゾウムシ

Cylas formicarius

コウチュウ目ミツギリゾウムシ科

《加害》茎、葉、塊根

【被害】成虫は茎葉や塊根表皮を、幼虫は茎、塊根内に孔道を作って食害する。塊根内の孔道（直径3mm程度）は不規則に曲がりくねり、排出された糞が詰まっている。被害は圃場周辺部から内部に広がり、普通栽培では植付け2～3か月頃から発生が多くなる。茎は地際部ほど被害を受けやすい。加害された塊根はイポメアマロンなどのテルペン類、クマリン類などが生成されるため、苦みと独特の強い異臭がある。

【発生】奄美大島では年5～6回発生し、周年各ステージがみられる。産卵は3月頃から増加し、8～9月に最も多くなるが、11～2月はほとんどみられない。成虫は寒さに比較的強く、0℃でも10日程度の生存は可能である。成虫の寿命は2～3か月と長く、1雌当たりの産卵数は100～200粒で、27℃条件下では卵から羽化まで27日程度を要する。トカラ列島以南の南西諸島および小笠原諸島に分布する。

【防除】常発地では植付期の薬剤処理により予防対策をとり、圃場周辺のノアサガオなども可能な限り除去する。畦のひび割れなどで塊根が露出すると成虫が塊根に産卵し、被害が急速に進むため、塊根肥大期以降は土寄せなどを行う。また、適期に全て収穫し、越年栽培しない。なお、本種は「植物防疫法」により特殊病害虫に指定されており、発生地から未発生地への生の寄主植物（ヒルガオ科の植物）の移動が禁止されている。未発生 のサツマイモ産地では合成性フェロモンを用いたトラップ調査により侵入を警戒する。

【薬剤】合成性フェロモンを含む殺虫剤（**アリモドキコール**）、殺虫剤（**ダーズバン、プリンスベイト、ベネビアなど**）。

雌成虫（体長：6～7mm）

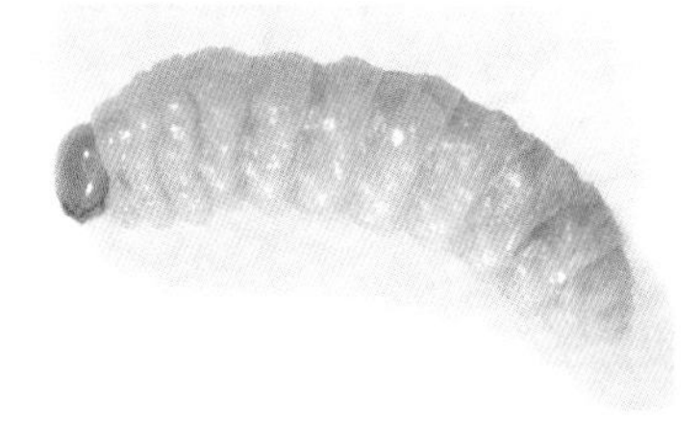

老齢幼虫（体長：約6mm）

蛹

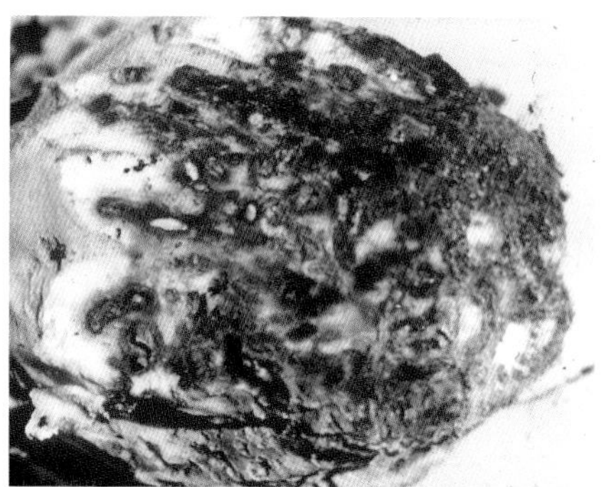

被害いも

被害いも

成虫脱出孔（露出いも）

被害いも廃棄処分

成虫（体長：3.5 ～ 4mm、背中に白線）

老齢幼虫（体長：約 6mm、ノアサガオ茎内）

蛹（ノアサガオ茎内）

株元の脱出孔

イモゾウムシ

Euscepes postfasciatus

コウチュウ目ゾウムシ科

《加害》茎、葉、塊根

【被害】成虫は茎葉や塊根表皮を、幼虫は茎、塊根内に孔道を作って食害し、被害様相はアリモドキゾウムシに類似する。

【発生】沖縄県では年6～7回発生し、周年各ステージがみられる。成虫の寿命は4～10か月と長く、1雌当たりの産卵数は300～500粒で、27℃条件下では産卵から塊根脱出まで54日程度を要し、奄美群島以南の南西諸島および小笠原諸島に分布する。

【防除】アリモドキゾウムシ、サツマイモノメイガと同じく特殊病害虫に指定されている。本種は飛翔できず、分布拡大は寄主植物の移動によるため、発生地からは生の寄主植物（ヒルガオ科の植物）の移動が禁止されている。本種は雌が性フェロモンを分泌しないため、未発生地に侵入すると発生モニタリングには多大な労力をともなう。

【薬剤】ダーズバン、プリンスベイトなど。

ヨツモンカメノコハムシ

Laccoptera quadrimaculata
コウチュウ目ハムシ科
《加害》葉

【被害】成虫、幼虫が葉を食害する。主に展開葉を摂食し、葉脈間に数mmの楕円形〜不定形の穴を空ける。ナカジロシタバ若・中齢幼虫の食害痕と類似するが、多発した場合は葉が網目状となる。サツマイモでは苗床を含め栽培期間を通して発生がみられ、生育初期に激しい被害を受けると生育が遅延する。

【発生】年3〜4回発生し、南西諸島では成虫で越冬する。本種は沖縄本島以南の琉球諸島に分布していたが、1999年以降に九州、本州でも確認され、分布域を拡大している。

【防除】苗床や生育初期の発生に注意する。生育中期以降は他の害虫との同時防除などにより被害は少なくなる。圃場周辺のノアサガオ、ヒルガオは除去する。

【薬剤】アクセル、コテツ、スミチオン、ベネビアなど。

成虫（体長：7.5〜9mm）

幼虫

蛹

生育初期の被害

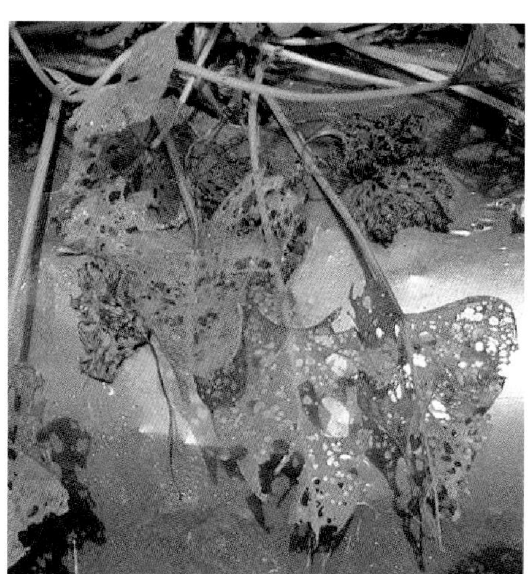
激しい被害

サツマイモネコブセンチュウ

Meloidogyne incognita
ハリセンチュウ目メロイドギネ科
《加害》根、塊根

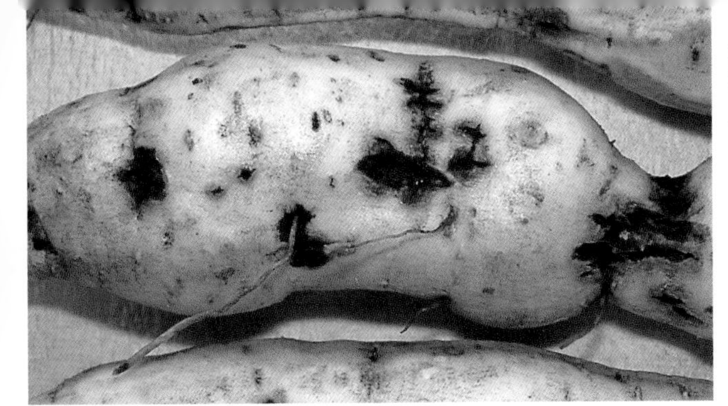
被害（黒色ひび割れ）

被害（裂開）

被害（窪み、くびれ）

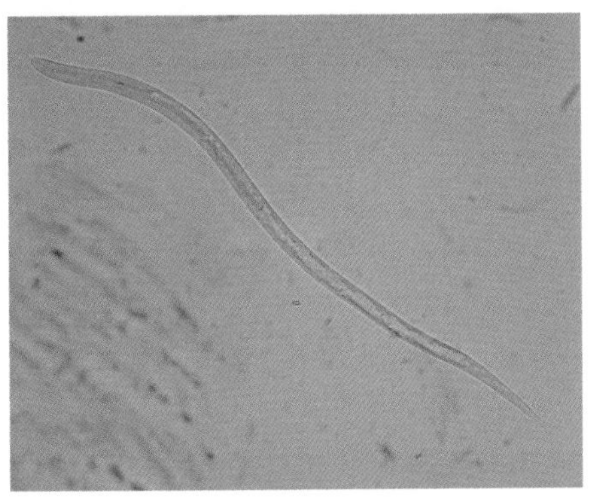
2期幼虫

【被害】 幼虫、成虫が根、塊根を加害する。植付け2か月頃から、根に直径2〜3mmのこぶが形成され、多発すると数珠状になり、細根は腐敗、脱落する。塊根では黒色小斑点、黒色ひび割れ、裂開、窪み、くびれなどの症状となる。また、被害によりつる割病などの土壌病害の発生が助長される。

【発生】 1作期に3〜4回発生する。九州では卵および第2期幼虫で越冬する。越冬した卵は地温が10〜15℃になる頃からふ化（第2期幼虫）して土中に遊出し、根の先端から侵入する。その後3回の脱皮を経て成虫になる。雄成虫は根から遊出するが、雌は根内で発育して成熟（洋梨型）し、卵のう内に300〜500個を産卵する。25℃条件下では1世代に30日程度を要する。普通栽培での幼虫密度は7月下旬から高まり始め、9月下旬にかけて上昇する。第2期幼虫の密度は10〜25cmの作土層が特に高い。露地では北関東以南の平地に分布する。

【防除】 植付前の対策が重要で、薬剤処理は効果が高く、センチュウ対抗植物との輪作や抵抗性品種の利用も有効である。また、汚染種苗などや農機具、運搬用の容器に付着した汚染土壌を圃場内に持ち込まないことが大切である。

【薬剤】 殺虫剤（**ネマキック、ネマクリーン（ビーラム）、ネマショット、ネマトリンエース、バイデート、ラグビーMC**）、土壌くん蒸剤（**ガスタード、キルパー、クロールピクリン、クロピク80、ソイリーン、ダブルストッパー、DC、D-D、テロン、ドジョウピクリン、ドロクロール、バスアミド**）など。

ミナミネグサレセンチュウ

Pratylenchus coffeae
ハリセンチュウ目プラティレンクス科
《加害》根、塊根

【被害】成虫、幼虫が細根および塊根に侵入し、加害する。最初は淡褐色の小斑点となるが、しだいに大きな褐斑となり、やがて根全体が褐変する。褐変した根は皮層が脱落し、地上部ではつるのわい化、黄変、落葉など生育が著しく衰える。塊根ではわずかに突出した褐色の小斑点がみられ、やがて拡大、融合し大小の黒褐色の病斑を形成するようになり、商品性が低下する。また、そこから二次的に糸状菌や細菌が侵入し、腐敗する場合も多い。ネグサレセンチュウ類に対する抵抗性は品種間差が大きい。

【発生】サツマイモ1作期に3回発生する。越冬時には全ての発育ステージがみられ、地温が15℃前後になると活動を始める。第2期以降の幼虫と成虫ステージが発根後20日以内の幼根に侵入する。ただし、抱卵雌成虫の侵入はみられない。侵入1か月後からふ化幼虫が目立ち始め、40～50日で皮層細胞は破壊され中心柱のみとなる。破壊された部位からセンチュウが土中に浮遊し、これを繰り返す。土中の密度は10月下旬に最も高くなる。夏季(25～30℃)では1世代に30～40日を要する。圃場では地表下5～10cmの密度が比較的高い。本州以南に分布し、国内系統の大半はサツマイモで増殖できない(非親和性)が、九州、沖縄には親和性の系統が分布する。

【防除】サツマイモネコブセンチュウ参照。

【薬剤】殺虫剤(**ネマクリーン**(**ビーラム**))、土壌くん蒸剤(**クロールピクリン、クロピク80、ソイリーン、ダブルストッパー、DC、D-D、テロン、ドジョウピクリン、ドロクロール**)など。

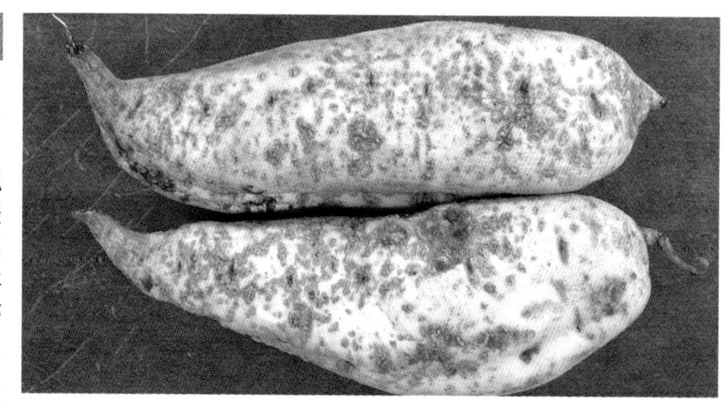
被害

被害

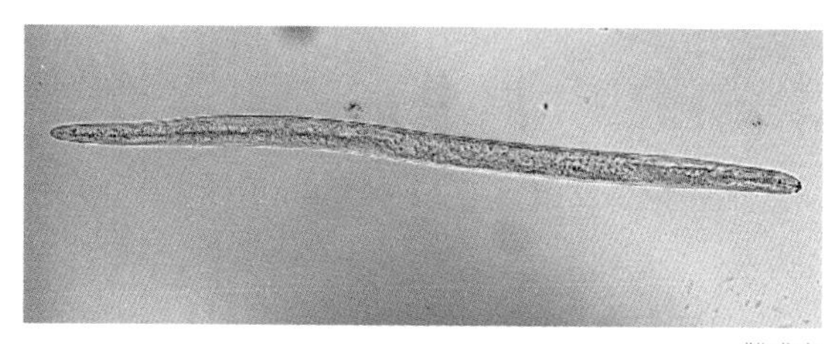
雌成虫

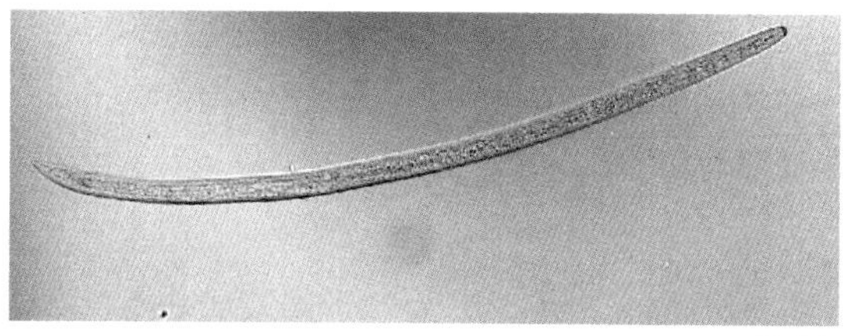
雄成虫